TED
1小时科普
给孩子的世界启蒙书
One Hour of Science Popularization

The Boiling River

沸腾的河

一个关于发现、冒险、科学和神秘主义的真实故事

[美] 安德烈斯·鲁索 / 著
（Andrés Ruzo）

姜春阳 / 译

中信出版集团 | 北京

图书在版编目（CIP）数据

沸腾的河：一个关于发现、冒险、科学和神秘主义
的真实故事/（美）安德烈斯·鲁索著；姜春阳译. --
北京：中信出版社，2021.4
（TED1小时科普：给孩子的世界启蒙书）
书名原文：The Boiling River
ISBN 978-7-5217-2501-8

Ⅰ.①沸… Ⅱ.①安…②姜… Ⅲ.①地质学—普及
读物 Ⅳ.① P5-49

中国版本图书馆 CIP 数据核字（2020）第 236723 号

Chinese Simplified Translation copyright © 2021 by CITIC PRESS CORPORATION
The Boiling River
Original English Language edition Copyright © 2016 by Andrés Ruzo
All Rights Reserved.
Published by arrangement with the original publisher, Simon & Schuster, Inc.

本书仅限中国大陆地区发行销售

TED1小时科普：给孩子的世界启蒙书

沸腾的河——一个关于发现、冒险、科学和神秘主义的真实故事

著　者：〔美〕安德烈斯·鲁索
译　者：姜春阳
出版发行：中信出版集团股份有限公司
　　　　　　（北京市朝阳区惠新东街甲 4 号富盛大厦 2 座　邮编　100029）
承　印　者：北京诚信伟业印刷有限公司

开　本：787mm×1092mm　1/32　　总 印 张：30　　总 字 数：459 千字
版　次：2021 年 4 月第 1 版　　印　次：2021 年 4 月第 1 次印刷
京权图字：01-2019-6901
书　号：ISBN 978-7-5217-2501-8
定　价：168.00 元（全 5 册）

版权所有·侵权必究
如有印刷、装订问题，本公司负责调换。
服务热线：400-600-8099
投稿邮箱：author@citicpub.com

致我最伟大的发现

我的妻子兼专业搭档索菲娅

目 录

CONTENTS

第一章

暗夜冒险

我正站在河流中间的一块岩石上，丛林中的夜色从四面八方向我涌来。我本能地抬手关了头灯。现在彻底黑了下来，我停下动作，静静地等待着。我刚才错过了夜的黑。我吸了一口气，即便在亚马孙丛林中，这里的空气也显得异常闷热。等到我的双眼适应了黑夜，丛林的轮廓便渐渐在夜色中显现出来：墨、灰、深蓝甚至还有银白。亮着灯的时候，我们错过了如此的惊喜。皓月宛若一枚银币，繁星缀满苍穹，柔和的月光洒进莽莽丛林，每一片树叶和每一块岩石都沐浴在月光中。蒸汽从四面八方升起，像那星光中的幽灵。有些如薄雾，缥缥缈缈；有些如云烟，弥漫一片，似乎缓缓地翻腾着。

我卧在岩石上，一动不动，注视着蒸汽升腾到黑夜里。清风袭来，薄雾变得氤氲，开始翻滚，变成苍青色，在天空中旋转飞扬。在暗淡的月光下，我身边的岩石显出淡淡的白色。我的后背和双腿贴在岩石上，微微出了些汗。一股激流从我栖身的岩石旁奔涌而过，水温之高足以要人小命，水流之宽更逾双车道。激流迸发出一声咆哮，淹没了暗夜中丛林里传出的低吟浅唱。我的感觉变得很敏锐，一举一动都小心翼翼。

我身处秘鲁亚马孙丛林的腹地。团队成员已经在附近的小部落里睡下了，我却完全无法入睡，这倒并不是因为眼前的一切。我的心怦怦跳得厉害，但却感到出奇的平静。我的眼睛追随着河水的蒸汽，看着它从河中升腾而起，继而融入苍穹。银河划过天空，仿佛这条沸腾之河的倒影。印加人把银河视作天河，它是一条通往另一个世界的道路，那个世界是灵魂栖居的地方。所以，蒸汽在这里连接了两大河流。为什么住在这里的人把这片丛林视作灵力之地，答案显而易见。萨满的话在我的脑海中回荡："这条河流向我们展示了我们应当看到的东西。"

这将是我人生中最精彩的冒险，我会把这个故事告诉我的子孙，而此时此刻，我的每一个动作都将为故事添加新的情节。现在，飞逝的每一秒似乎都意味深长。翻滚的热水喷溅到我的右臂。我坐起来，胳膊抽回胸前，思绪不再神游。我想起了火山学专业老师的一番话："死在火山上的人，不是缺乏经验不辨危险的新手，就是已将危险抛诸脑后的专家内行。"

我起身站稳后，跳回到最近的河岸。回首看向沸腾的河，我不禁兴奋地喃喃低语："有这个

地方，真的有！"记得萨满说过，这条河召唤我来，是有意而为之。我预感到，我将肩负更为艰巨的使命。今夜我要失眠了。

我起身回到自己的小屋，此时蒸汽在星光下起舞。河流、周围黢黑的丛林、待写的故事填满了我的思绪。这个故事始于儿时听到的传说，是一个关于探索、关于发现的故事。这个故事因为想要探明当初看似不可思议之事而展开。故事里，现代科学与传统世界观相互碰撞，没有剧烈冲突而是彼此尊重，因彼此对自然世界的敬畏而联系在一起。

在现在这样一个时代，一切事物似乎都能够进行描绘、得以测量、为人所知，但这条河流挑战了我们认为我们已知的事物。这条河流促使我探究已知与未知、古代与现代、科学与灵识之间的界限。这条河流提醒我们，仍有种种伟大奇迹有待发掘。我们的发现不仅来自未知事物的一片幽暗中，还存在于日常生活的白噪音中，隐匿在我们几乎不加注意的事物里，埋藏在我们几近忘却的记忆中，甚至躲藏在一个传说的细节里。

· · 第二章

亚马孙丛林中的传说

　　热水缓缓注入茶杯的声音弥漫在清冷的厨房里。我望向窗外，凝视着安第斯山脉直耸天际的山麓丘陵，利马冬季的天空灰蒙蒙的。利马的冬季也少不了些许静谧，这个 8 月亦是如此。12 岁的我，坐在姑妈家的厨房里，心急火燎地等待着爷爷的到来。

　　我不耐烦地盯着时钟，此时姑妈的厨师迪奥尼正站在水槽边，削着硕大的秘鲁胡萝卜。"你能来可真是太好了。"说话的时候，她的眼睛一直没离开手中的活儿。她就像是我的奶奶一样。她讲西班牙语，带着一股浓重的克丘亚口音。克丘亚语是印加帝国的语言，讲话者故意采用闭口音，据说是在安第斯高山长期的严寒中形成的。她的声音提醒了我，西班牙征服印加帝国400多年以后，印加帝国的语言活力依旧。

她接着说："听你姑妈说，你爸和你叔伯们带着你去马卡瓦西（Marcahuasi）待了一个星期。那儿太高了，你还太小！"

我在厨房中岛橱柜的一头，坐在高脚椅上，给自己沏古柯茶（mate de coca）。我把热水倒在灰绿的茶叶上，等茶汤泛出淡金色。

迪奥尼问我："这是你从马卡瓦西带的茶叶？"我点了点头。"那可是山里采的正宗古柯叶，比我们在超市里买的强多了。"

我呷了第一口，回味着泥土的气味和药草的芳香。就在上个星期，在寒冷彻骨的马卡瓦西高原上，我因高原反应而疲乏难当。唯有饮上一杯古柯茶才令我稍感好些。

爷爷终于张着双臂走进门来。我冲上去抱抱他，他朝我做鬼脸，我也笑了。有些人的感情不加掩饰，他直接把喜怒哀乐挂在脸上。

姑妈莉迪亚和爷爷一起回来了。她问爷爷："我给你拿点东西喝？家里有茶。"他摇了摇头。"咖啡？"他还在摇头。"印加可乐？果汁？水？"最后她问："皮斯科白兰地？"

这时候爷爷挺起了腰杆，不知不觉地咧开嘴，脸上绽开了狡黠的笑容。"太——好了，要是你让我喝的话……"

姑妈端来一个细银托盘，上面摆着一方叠得整整齐齐的餐巾布，托着一瓶上好的皮斯科白兰地，酒刚刚开瓶，瓶塞恰到好处地浅浅地塞回瓶口，托盘上还放着一个郁金香形的细长水晶玻璃杯。爷爷给自己斟上白兰地，我俩碰杯干掉，他端着他的皮斯科，我端着我的古柯茶。

他开始分析我的马卡瓦西之行，他觉得当时

要是他也同行的话，能把方方面面都安排得更妥当、更灵活、更高效。我走神了，他的声音渐渐消失不见了。

砰！一本卷起的杂志在我头上突然一敲，我又缓过神来。"笨蛋！听我说！正说大事儿呢！"爷爷数落我，我便绷起了脸。我有点惊讶，他那不耐烦的表情缓和下来，竟得意地笑了。

爷爷说："你的小脸儿跟我的一样活泼生动啊！我真是欣慰，我的基因在你身上没丢。"我依旧绷着脸。

"好啦，小浑蛋，我给你讲个故事吧，让你高兴高兴。"我立刻打起精神，十分期待。我喜欢爷爷讲的故事。

"这是个关于冒险的故事。这个故事提到了西班牙征服秘鲁，提到了印加诅咒，还提到了一座消失在亚马孙丛林深处的城市——纯金之城。"我盯着爷爷，听得如痴如醉，这时他又呷了一口皮斯科白兰地，"这就是派提提（Paititi）传说。"

"派提提？"

爷爷接着说："可别听别人说征服是为了上帝。当然，殖民者的确是带着几个修道士过来的，但他们真正想得到的是黄金和荣耀。"我盘腿坐在地板上一动不动，全神贯注地听爷爷讲故事。

"1532 年，弗朗西斯科·皮萨罗率人从印加帝国的北方边境登陆秘鲁。印加人当时卷入了一场充满暴力的内战，处处是间谍。西班牙人一登陆，就受到了印加人的严密监视——他们的一举一动都会被跟踪、上报。印加人知道那些征服者并不是神明，但他们对黄金的痴迷，是印加人无论如何也想不明白的一件事！印加人讲述着关于西班牙人的传闻，这些人进村不打招呼，反而在问：黄金在哪儿？他们还恫吓村民，不拿到黄金不罢休。他们贪求黄金，他们如此贪得无厌，竟使得许多印加人以为，西班牙人得靠吃黄金才能活命。对于印加人来说，要是谁明目张胆地把黄金当作神圣之物，就会被认为不可理喻。

"印加帝国皇帝阿塔瓦尔帕不知道该如何处理这些骚扰自己臣民的外国人。一位谋臣建议他把这些人抓起来，再活活烧死。阿塔瓦尔帕却不怎么担心，反而好奇心满满。区区170个白人小偷能构成什么威胁？他，阿塔瓦尔帕，百万子民之主，麾下强兵猛将25万人之多。他，世界上最强大的神人，太阳之子，风系魔法的主人。

"阿塔瓦尔帕派遣使者，邀请这些外国人访问卡哈马卡（Cajamarca），并与他会面。他们接受了邀请。于是这群征服者就趁着这次本应和平的会面突袭了阿塔瓦尔帕。西班牙人武装精良，以少胜多，摧毁了印加帝国。

"阿塔瓦尔帕这时已沦为阶下囚，他愤怒地瞪着西班牙人的眼睛，以示挑衅。谁也承受不起他的目光，他们说就像是在直视太阳。印加帝国皇帝郑重其事地走到离他最近的一面墙，竭力抬手伸到最高的地方，画了一道线。他招来一名侍从，侍从斜着身体靠了过去，阿塔瓦尔帕对他耳语了几句。侍从站直身体并转告西班牙人：'皇帝说，只要你们放他一条生路，他就会用黄金填满整间囚室，一直堆到这条线这么高，还会再加上两倍的白银。'

"西班牙人彼此之间议论纷纷，那么多的金银将使他们比曾经梦想的还要富有。他们同意了条款。阿塔瓦尔帕让那些西班牙人对西班牙人自己的神明发誓以示誓言可信——正是那位神明当初把他交到了他们手中。

"接下来的两个月，征服者目睹了黄金、白银、奇珍异宝源源不断地从全国各地运来，这些宝物都是阿塔瓦尔帕的赎身之物。终于，阿塔瓦尔帕完成了这笔交易中该由他兑现的部分。他本该走出囚室，卑微地活着。

"几个月过去了。俘虏阿塔瓦尔帕的人并没有将他杀死，关押他的环境也比较舒适，可他依旧是个阶下囚。他自言自语道：'他们不会违背

对自己神明许下的誓言的。'

"一天夜里，一名侍从找到阿塔瓦尔帕，悄悄地告诉他：'我听西班牙人说，让你活着实在是太危险了。俘虏你的那些人将要违背他们的誓言，他们明天就要来对付你了。'一名路过的西班牙守卫查问侍从在做什么。'我只是给皇帝拿新鲜的古柯叶子当作明天的早茶。'说话间，侍从把装着新鲜古柯叶的小布包递给了皇帝。守卫看到叶子，便把侍从打发走了。阿塔瓦尔帕为第二天的早晨做着打算。"

我把剩下的古柯茶一饮而尽，想象着意识到自己遭到背叛时的阿塔瓦尔帕。

爷爷接着讲："第二天，阿塔瓦尔帕一醒来便得知他将被武装侍卫押送着去接受审判。

"阿塔瓦尔帕没有武器，毫无自卫之力。

"西班牙征服者逼近阿塔瓦尔帕。这时，阿塔瓦尔帕把手伸进布袋，掏出三片叶子。他双手举着叶子，开始高喊：'白人，我用这些叶子诅咒你们！古柯之母啊，记住他们的罪恶！给他们的国家带去瘟疫，为我复仇！'他把古柯叶扔向西班牙人，古柯叶将给他们带去诅咒。

"阿塔瓦尔帕遭到杀害，但印加人没有屈服。又过了 40 年，西班牙人才彻底征服印加。反抗最终于 1572 年结束，在库斯科最大的广场上，印加帝国的末代皇帝蛇主图帕克·阿马鲁在15000 名臣民面前被处以绞刑。

"印加人被征服了，他们眼中象征着生命本身的神圣黄金，被回炉熔化用来满足那些征服者。

"一拨接一拨的西班牙未来征服者来到印加，他们急于追寻科尔特斯和皮萨罗的脚步。他们问印加人，还能去哪儿再征服另一个文明，这时印加人回答道：'在东边，在安第斯山脉的那一边，有一片长满植物的地方。在那里你们会找到派提提，那是个纯金打造的大城市。'

"西班牙人启程远征，深入亚马孙丛林。印

加人面色坚毅地看着他们远去，深知自己即将实现梦寐以求的复仇。

"个别从亚马孙丛林逃生的惊魂未定的西班牙人语无伦次地讲述着他们的经历。他们遇到了在征服中幸免于难的印加人。这些印加人逼迫他们喝下熔化的黄金，以彻底终结他们的黄金欲。他们还遭遇了亚马孙印第安人。强大的萨满命令发起攻击，勇猛的战士用他们的毒箭瞬间置西班牙人于死地。"

爷爷低声说："他们进入的地方，树木高耸入云，遮天蔽日。他们踏进了永恒的黑暗。蚊子、苍蝇叮咬他们，让他们的血液流失殆尽。丛林用无尽的绿色把他们逼疯，用他们从未见过的野禽发出的嘶吼奚落他们，用满是病菌的淡水池折磨他们。陪伴他们的唯有饥饿、脱水和精神失常。他们提起过生吞活人的蛇、吃鸟的蜘蛛，甚至还提到了一条沸腾的河。

"他们一直没找到派提提，本以为隐藏着伊

甸园的丛林实际上反而是人间地狱。”

爷爷嘘了口气，又坐回去继续享受他的皮斯科了。我在一旁看着，再也说不出一个字。我的想象力开始天马行空，想象着亚马孙丛林、神秘的派提提，脑海里的画面都是令人望而生畏的萨满、巨蛇，还有一条热气腾腾、咕嘟咕嘟冒着泡的河。我差点没注意到姑妈进屋。

她噘起嘴，估摸着爷爷的酒量。“我看你喝得差不多了。”说话的工夫，她端走了托盘和已空了一半的酒瓶。

姑妈走出房门，爷爷开始哈哈大笑。他转过身来，依旧笑容满面，对我说：“没错，小帅哥，世界很大。现在还有人在寻找派提提，或是为了发掘黄金，或是出于许多其他名义。但要切记：丛林妥善地隐藏着它的奥秘，对于那些探寻奥秘的人，它毫不畏惧。”

第三章

只是一个传说吗？

"一条沸腾的河？"这位资深地质学家对此嗤之以鼻。他身着价格不菲的西装，顶着精心梳理的灰发，额头上爬满了皱纹。他拥有一副现代秘鲁人的面孔——一张混合了原住民和欧洲人特征的脸。他的话把握十足、不容置疑，这种自信与权威来自在秘鲁几十年的野外勘测经验。公司宽敞的办公室证明了他的成功：在亚马孙深色珍稀木材制成的书架上，在皮面装帧的书籍之间，摆放着一件件从秘鲁各地收集来的出土陶器、岩石标本、艺术品。我不禁觉得自己身处的这间书房属于一个 21 世纪的征服者，他在炫耀着一件件通过征服得来的纪念品。

我答道："对，传说提起过，在亚马孙丛林腹地流淌着'一条沸腾的河'。我明白传说总是言过其实，可我还是好奇，我想知道这究竟有没有可能是真的。"他隔着气派的办公桌轻蔑地瞥了我一眼。

2011 年 5 月，我是一名 24 岁的博士生，就读于达拉斯的南卫理公会大学。我的研究领域是地球物理学，专攻地热研究。我现在来利马开始着手自己的博士实地勘察工作。我的目标，也就是我的研究重点是详细绘制秘鲁首幅地热图，也称"热流图"。这类地图定量描绘了热能从地壳到地表的流动情况，主要有三种用途。其一，地热图可用于探明可再生地热能源储量。其二，地热图有助于使油气业"更绿色"，其中的信息使开发与钻探更为精准（这意味着减少不必要的钻井）。其三，地热图是充分理解构造地质学、火山学、地震学及其他地学领域的基本工具。

然而众所周知，地热图不易绘制，因为每一处"热流点"都需要来自地球深处的精确温度数据和岩石样本。地热研究者往往发现，我们所需的测量数据及样本和我们之间隔着数公里的岩石。再者，新开钻井造价高昂，且常常给环境带来消极影响。种种障碍使得我开始尝试接触石油、矿产、天然气公司；我寄希望于这些公司能把现有的石油、矿产、天然气钻井用于我的地热研究，利用那些钻井获取地球深处的温度数据，而且不必新开任何钻井。

这位企业地质学家欣赏我的想法。然而对于爷爷的传说中涉及的这个问题，他显然没什么印象。

"安德烈斯，你是个聪明孩子。"他接着说道，"你的测绘研究很有吸引力，利用现有设施是个好想法，也非常新颖。可是，为什么随随便便地迷上了一个古老的传说？我确信亚马孙没有任何沸腾的河流。

"秘鲁有各种各样的地热特征，但很难相信丛林里有一条沸腾的河。你得明白一点——你可是要拿博士学位的。"

我把这个传说彻彻底底忘了，直到后来拜访秘鲁地质矿产与冶金研究院的同事时才想起来。他们绘制了一幅地图，上面标识了秘鲁已探明的地热特征——诸如温泉、气孔。这幅地图唤醒了我沉睡的记忆，使我想起了爷爷讲的传说，想起了"沸腾的河"的画面。

我向同事们问起这件事，他们反映说，曾在丛林里遇到过一些地热特征，但没达到沸腾的河流这么大的规模。大家一致认为这种事是不可能的，很可能只是个夸张的传说。我的爷爷现在患有阿尔茨海默病，也没办法帮我找到故事的来源。于是我请教其他高校、政府研究院、能源和矿业公司的地质学家，问他们是否听说过亚马孙丛林中有一条"沸腾的河"。

回答总是否定的,但从来没像这位资深地质学家一样坚定。

"你说,产生一条沸腾的河需要什么条件?显著水流以及巨大热源。世界上确实存在沸腾的河,但我听说过的每一条都与活火山或者岩浆系统有关,可亚马孙并没有这类系统。你说你希望通过这幅地热图帮助我们探明秘鲁的火山活动在 200 多万年前'关闭'的原因。你们所有人都应该明白,这个传说一点点真实性的可能都没有。

"再说一遍,你是个聪明孩子。但是友情提示一点:我不会再让你问愚蠢的问题了,这会让你难堪。"

我尽量庄重体面地走出办公楼,然后拦了一辆出租车。我想,我听上去一定很幼稚。那位老地质学家说得对:如果我想成为一名备受尊敬的科学家,我就不能到处去问愚蠢的问题。我在任何文字记载里都找不到这个传说，科学让这个传说不可能存在，专家也从未听说过这个传说。该把这件事放一放了，有时候故事就是故事。

第四章

与萨满初次联系

2011 年 6 月初，我和妻子索菲娅在利马待了两个星期，为接下来几个月的油田实地勘查进行准备工作。我们即将奔赴秘鲁西北部塔拉拉沙漠，对那里的废弃油井进行温度测量，测量结果将用于绘制秘鲁地热图。我们住在埃奥姑父和吉达姑妈家，今晚他们为我们准备了一场小型送别宴。我在吉达旁边坐着。

姑妈讲带着巴西乡音的西班牙语，她说："安德烈斯，亲爱的！感觉好像你刚到这儿啊！"

我跟她保证我们过几个月还会回利马。

吉达姑妈说："你的研究工作已经进行两年了，有没有过出乎意料的发现？"

我呷了一口皮斯科。专业的回答可能是一些关于测量秘鲁地热能储量的东西，但上个星期与老地质学家的会面一直萦绕在我的脑海里。可能是因为皮斯科，也可能是因为我依然受伤的自尊心，但有些事却让我向她敞开心扉，谈了我曾经努力探寻爷爷口中的传说里的真相，谈了我曾经向著名科学家提出的愚蠢问题。

我最后说道："这可能只是个故事，但我还是好奇吧。"

吉达面露不解。她缓缓地说："安德烈斯，可是丛林里的的确确有一条大规模热河啊。我去过，我还在里面游过泳呢！"

我知道吉达爱开玩笑，我笑着说："得了吧，姑。"她一脸严肃地说："这是真的。"

我的姑父埃奥坐在吉达的另一侧，他插话

说："她不是在开玩笑！你只能在大雨过后在里面游泳，还得去一些没那么热的地方。"

我惊呆了。埃奥是著名精神分析学家，他说话严谨，不会为了一个故事添油加醋。

"你是认真的吗？"我严肃地问。

吉达说："那是一个神圣的地方，受一位强大的萨满保护。"

埃奥接着说："你姑妈和他的妻子是朋友，她是个护士。"

吉达点了点头："他们那里有一家康复中心，叫马雅图雅丘，那条河就在康复中心前面流过，有双车道那么宽，水流很急！"

我知道姑妈以前在亚马孙和几个土著部落一起从事过社会保护工作。不过，我还是怀疑。我抓起苹果手机，上网搜"马雅图雅丘"，结果一无所获。吉达和埃奥觉得意外，他们强调说有外国患者定期去医疗中心就诊。一个朋友和阿萨宁卡（Asháninka）部落的人一起工作，他曾邀请他们去参观过。

"在哪儿?"我边问边在手机上打开谷歌地图。吉达答道:"在秘鲁亚马孙河流域中部某处丛林里。从普卡尔帕(Pucallpa)过去得花大概4个小时。你得先乘汽车,然后再划机动独木舟,最后再步行。"

我集中精力在手机上研究地形,根据自己的地质知识找出地热系统接近地表的大概位置,再结合姑父姑妈的描述,尽量定位马雅图雅丘最有可能的地点。卫星图像分辨率极低,但我还是能在普卡尔帕以南约48公里的地方,勉强辨认出一处约4.8公里宽、8公里长的椭圆形区域,它的边缘明显突出,中心隆起一处开阔的穹丘。

我问道:"河里有没有硫黄的气味?闻起来就像臭鸡蛋似的。"这是硫化氢,是许多火山系统特有的臭鸡蛋气味的来源。

"没有硫黄味。"吉达看向埃奥,埃奥也点头表示赞同。

"你们还记不记得那条河有多长？"我恳切地问他俩。埃奥答道："我不太确定河有多长，但起码有 180 米长的水流是非常热的。河道弯弯曲曲的，所以很难推测出实际长度，但那幅景象真的令人惊叹。"

我接着用手机搜索，盼着能在互联网某处找到一丁点关于马雅图雅丘或者圣河的蛛丝马迹，结果仍然一无所获。我知道可能性微乎其微，但如果能意外发现传说中的河流，哪怕有那么一丝希望都是令人极其兴奋的。

我忘记了这是一次聚会。吉达像慈母一样把手搭在我的胳膊上，对我说："也许谷歌先生只是晚上过得不太愉快。"我冲她勉强一笑，脸上写满了失望。

她安慰说："别急，我把马雅图雅丘的电话和电子邮箱都给你。你明天就可以联系他们。"

我一下子就把思绪拉回现实，但还是迫不

及待地想熬过这个夜晚。我要了解更多的信息。

第二天一大早，我们便起床赶飞机奔赴塔拉拉，我们将在那里待上数月之久。出发前，我拨了姑妈给我的电话，还留了言。丛林里的电话线路可能没那么可靠，所以我也发了电子邮件。飞机落地时，我查看了自己的语音信箱和电子邮箱，没有得到回应。

在接下来的几个月里，我反复打电话、发电子邮件，试图联系马雅图雅丘，可是连一条回复都没有。我失去希望，也不再兴奋，开始变得灰心丧气了。

我查阅地质文献，想找出普卡尔帕附近随便某个地方存在大型热河的报告。结果一无所获。秘鲁官方地图上没有这条河。我能找到的唯一提及该地区地热特征的研究是一份美国地质调查局 1965 年世界温泉汇编。美国地质调查局的这项研究仅仅将阿瓜卡连特穹丘（AguaCaliente Dome）笼统地引述为"小型温泉"，此前我已经通过谷歌地图发现了这一特征。

美国地质调查局引述的"小型温泉"印证了一项 1945 年的研究，但该研究并未提及任何地热特征。这项 1945 年的研究又把我引到了一项 1939 年的研究。通过查阅 1939 年的研究我发现，穹丘是秘鲁亚马孙最早的石油开采点，但研究也完全没有提及温泉。然而这项研究让我发现了莫兰（Moran）和法伊夫（Fyfe）1933 年的一份报告，这是最早的一项针对阿瓜卡连特穹丘的唯一地质研究，要早于石油开采活动。

莫兰的论文到最后成了死胡同。无论我怎样努力，但始终没有找到。回到美国后我得继续寻找。

数月之后，我们的沙漠野外季接近尾声。现在已是 10 月下旬，我们回到埃奥姑父和吉达姑妈家，在利马待上最后一个星期，之后就要回达拉斯了。

吉达问我："有马雅图雅丘的消息吗？""没有。"说话间我打开笔记本，又开始查马雅图雅丘。"我一直上网查，总想找到点东西，但——噢，哇哦！"

　　吉达赶紧靠过来看我的屏幕，屏幕停在www.mayantu yacu.com 上。

　　我惊呼："你一定是在开玩笑吧！萨满弄了个网站！"

　　吉达大笑："秘鲁有进步。"

　　网站列出了电话号码和电子邮箱，还给出了一个位于普卡尔帕的具体地址。我发现这正是我一直试着联系的那个号码和邮箱，这令我大失所望。

　　"现在你有地址了，"吉达的话语间满怀希望，她在我旁边的沙发上坐了下来，"我过去和亚马孙很多地方的原住民一起工作过。当地居民与现代世界的关系很微妙。亚马孙印第安人抵抗印加人，他们多半也抵抗西班牙人——后来他们惨遭西班牙人圈禁，受到了非人的待遇。说实话，他们一直不回复，我一点都不觉得意外。我敢肯定，他们收到了你的邮件，读了每一封邮件，也收听了你的语音留言。可你是怎么说的？'你好，我叫安德烈斯·鲁索，我是个地质学家，研究地热能。我受《国家地理》的资助，一直在塔拉拉工作，我想研究你们那个地方……'"

听到姑妈大声说出来这段话的时候，我确信自己很荒唐。吉达接下来的嗓音更加温柔："我知道你为什么当地质学家。我知道你为什么这么做、要做什么，我还知道你为什么研究地热能。我知道你是个好孩子，你诚实、可信，你绝不会将他们的圣地置于危险之中，但他们不知道这些。想想亚马孙丛林那些翻天覆地的变化吧。自从石油、矿产、天然气开采以来，地质学家们就一直冲在地区'发展'的最前线。别忘了马雅图雅丘可是圣地，再结合亚马孙印第安人遭到迫害这一历史背景……那么，他们不回你的电话还有什么奇怪的吗？"

"那我该怎么办？"我的话语中带着火气。

吉达语气坚定地说："我们必须得深入丛林。"

第五章

进入丛林

　　几座山峰刺破低矮的云层，孤零零地耸立着，仿佛一座座黄黑的岛屿散布在一片白茫茫的海洋之中。渐渐地，山峰开始连绵不绝地出现，最后连成一片片起伏的山峦，形成一道矗立在云海之间的长城。我们正在陆地上最长的山脉——安第斯山脉上空飞行。

　　在高空中，我可以辨识出山脊和地貌。群山展现了构造作用——无形的手创造了高山湖泊和肥沃的谷地。这些谷地是印加人的粮仓，时至今日，他们的子孙仍在这里耕种。惊人的地质褶皱形成陆地，把珍稀原料带到足够接近地表的位置供人开采。

吉达姑妈坐在我旁边的位置睡着了。昨晚在利马她就告诉我说："他们绝不会通过电子邮件或者电话回复你。电话或者邮件很容易让人上当受骗，可如果有人面对面用眼神跟你交流，你再跟他们一起待上一段时间，很快就能看出他们的本色了。你得亲自去见他们。我带你去。"

有各种各样不去的理由。我还有不到一个星期就得回达拉斯。我是在读博士生，手头不是很宽裕。我们甚至不确定萨满会不会在那里，即使他在那里，他愿意跟我说话吗？

可是如果真的有一条沸腾的河在那里，我确信看到它的最佳机会便是买张机票即刻启程，不打招呼就按照网站的地址出现在普卡尔帕那个地方，再请求许可探访马雅图雅丘和他们的圣河，花上 4 个小时深入丛林。

渐渐地，安第斯山脉变得越发低矮，显得更为苍翠了。飞机下降，当我们穿过云层再往下看时，整个世界已然不同。翠绿替换了棕黄，树木取代了岩石，映入我们眼帘的便是向四面八方绵延的亚马孙河流域了。

11月，丰水期达到峰值。泛滥的河水、漫溢的溪流奔腾着涌过丛林，太阳的光辉映射在水量充沛的沼泽湿地上。我的目光紧随平坦、翠绿的丛林一直延伸到天际，我的脑海里接连不断地蹦出问题。在这广袤无垠的丛林里，马雅图雅丘能藏于何处？真的有爷爷讲述的那条河吗？它真的沸腾吗？

刚到普卡尔帕市，我们便搭了一辆车。这是辆破破烂烂、东倒西歪的机动三轮车，司机是个胖嘟嘟的亚马孙人。他的耳朵一直紧贴着一部最新款的智能手机，手机看起来比他的出租车还贵。我们挤进了车后座。

我们一路颠簸，奔向马雅图雅丘办事处，路

上吉达和我都没怎么说话，我琢磨着，是不是我们二人都在考虑同一件事：希望地址没变。我试着打消这个想法，便透过车窗看沿途的风景。这是我第一次进入亚马孙，旅途劳顿一扫而光，取而代之的是激动和兴奋。人们常说秘鲁是三种生态合一：海滩、山地、丛林。普卡尔帕的色彩和风景与我熟识的海滩、山地截然不同，但我却意外地有种似曾相识的感觉。

普卡尔帕呈现出一种发展中国家的大规模、现代化城市气息，全球化的装饰中透露出传统色彩。时髦的建筑、新式的设施、平坦的道路、过多的购物中心全都体现出进步与发展。我看着一辆辆崭新的、保养良好的汽车和摩托车从我们旁边呼啸而过。自从离开机场，我们的司机就一路不停地打着电话。他的广播里放着亚马孙昆比亚舞曲，引擎也咯吱作响，一路伴随着旧塑料盖挡板在颠簸中发出的嘈杂声。

我们一路穿过普卡尔帕来到了郊区。司机盖

过广播里的音乐声冲我们大喊"快到了",然后他接着打电话。我们驶离了砖石铺成的街道,驶上偶有积水大坑洼、略带红色的土路。

"就在那儿!"吉达突然喊了一声。司机猛地一刹车。我向吉达指的方向望去:左边有栋镶着木板的绿色建筑。"这么多年过去了,还是老样子!"

我们送走了司机,吉达敲了敲没有窗也没有把手的门。

"谁呀?"传来的女声充满疑虑。

"你好!我是吉达,是桑德拉和胡安大师的朋友。他们在吗?"

绿色的门缓缓打开,一名年轻的亚马孙印第安女子出现在眼前,她有着浅赤褐色的皮肤,头发乌黑,黑色的双眸向上翻着。她向我们做自我介绍,还告诉我们桑德拉和大师外出了。她提议说:"我们可以给他们打电话。"我们兴冲冲地点头。她便敞开门带着我们穿过一条昏暗、狭窄的走廊，来到一间宽敞的办公室。趁着她和吉达去打电话的工夫，我打量着整个房间。

从架子上摆放的小装饰物到墙上挂着的照片，一切都经过精心布置，显得井井有条。每一幅照片上都定格着一张张幸福洋溢的笑脸，他们露出洁白的牙齿，深色的眼睛炯炯有神。各式塑像、纺织物、瓶瓶罐罐上也装饰着具有错综复杂几何图案的希皮博花纹。一面墙上挂着一套阿萨宁卡（Ash_ninka）礼袍和头饰，周围还挂着弓箭、蜗牛壳、种子穿制的项链、热带禽类的翎毛，还有晒干的粗壮藤蔓花饰。

除了这些传统的装饰物，还有现代秘鲁的种种痕迹：一面面秘鲁小国旗、一幅幅"秘鲁奇迹"大海报。令我尤为震惊的是一幅人类纪念像的镶框海报，那是马卡瓦西的人面巨石圣像，这幅海报挂在马丘比丘海报和纳斯卡线条（Nazca Lines）海报之间。与墙上张贴的举世闻名的景点相比，马卡瓦西高原并不那么为人所知。童年时代，我曾在那里饱受高原反应的折磨，靠喝古柯茶才得以缓解。看到它的海报贴在那里，我心里很是欣慰，我和它之间有着千丝万缕的情愫。

我的曾祖父丹尼尔·鲁索倾其后半生探索马卡瓦西高原，马卡瓦西高原为世人所知也要归功于他。他天生便是一位哲学家和探险家，孜孜不倦地保护着这片充满神秘色彩的安第斯山脉高原。高原上遍布残垣断壁，还有一块块看似经过雕琢的巨石。这片鲜为人知、未经保护的遗迹成为受人珍视的国家公园，这里的旅游业也成了当地人的经济命脉。

除了传统的荣誉和秘鲁人的骄傲，屋内的装饰还讲述了出人意料的第三个故事。一只中国金蟾蹲在一只鼻子里塞着美元大钞的陶制印度大象旁边。一幅墨西哥瓜达卢佩圣母巨型画像保护着整个房间，旁边张贴着一张张来自加拿大的明信片，还挂着一个西班牙羊皮酒囊。意大利、阿根廷、巴西的装饰像和美国西南纳瓦霍族的装饰品挂在一起。我有些纳闷，一时间不知道胡安大师是亚马孙丛林的主人，还是亚马逊购物网站的主人。但手写的字条和献词却表明这些装饰品来自心怀感激的游客，是表示友好的礼物。

我暗笑："你这是跟我开玩笑呢吧！这些人怎么可能真的来过？这可能是全世界最知名的'未知'地了。"

吉达叫道："安德烈斯！我们刚才没能联系上大师，他在马雅图雅丘，在丛林里，那里不通电话。一般来说要是不经他同意，他们是不会让我们进去的。但我们逮着桑德拉了，她听出了我的声音，也同意我们过去。大师今天就从马雅图雅丘出来，我们要是运气好的话还能在他动身前截住他。无论如何，你今天都能看见那条河了。"

我几乎无法抑制自己的兴奋。我紧紧地拥抱她，她笑着说："哎，亲爱的。我们还没进丛林，我们还有很长的路要走呢，而且我们最好马上出发。我可不想让你说我把你一路带过来却让你在夜里看河！"

接下来的两个小时我们是在另一辆出租车里度过的，在一条遍布大水坑的红土路上一路颠簸。我目不转睛地凝望着葱葱郁郁、无法穿越的丛林，其间错落着一片片广袤、碧绿的牧场，几头牛在田间悠闲地反刍。车开到奥诺里亚小镇便停下了，我们停在一片宽阔、长满青草的空地上，空地倾向浩浩荡荡的帕奇特阿河，倾斜的河岸下方便是红褐色的帕奇特阿河，河流横向延伸约 305 米，像一列疾驰的货车向前奔涌着。

我伸了伸腿，目送出租车疾驰而去，车后扬起红色的尘土。正午时分的太阳烤得小镇上连一个人影都看不到。唯一的生命迹象来自某间房里压低了声音的电台音乐。这里的房屋用厚木板加波纹金属屋顶建成。为了抵抗洪灾，有些房屋架空建在支柱上。

"马雅图雅丘的向导们很可能现在还在丛林里，正往外走呢。咱们边吃边等吧。那边那个是镇上的饭店。"吉达指着河岸边一座青绿色的单层斜面建筑说,这栋屋子建造在高大的支柱上。

我们走在饭店长长的遮顶露台上,双脚踩在厚重的木质地板上时发出阵阵响声,提醒着主人我们的到来。一位矮小的亚马孙老妇人出现在面前,她那张因一辈子都在微笑而布满皱纹的面庞露出欣喜万分的神色。她的西班牙语夹杂着浓厚的亚马孙口音,当她温柔地开口讲西班牙语,我们立刻感到春风拂面。

"喂,喂!欢迎来丛林!今天你们想来点儿什么?我们这儿喝的有印加可乐、可口可乐还有水。吃的有丝兰白唇西猯(huangama)配米饭,我们也有袋装薯片。"

我问:"白唇西猯是什么?"

"是丛林野猪!"老妇人答道。

我们点了瓶装水和今日例餐。正当我们安顿好,准备享用午餐时,一名男子出现在露台的那一头。他脚穿一双沾了淡红色泥土的及膝塑料靴，身着一套褪了色又磨损的衣服。他在一张桌前坐下，还偷偷摸摸地盯着我们看。

我挥了挥手以示友好，盼着他会是马雅图雅丘那边派来接我们的。他没回应，竟还盯着我们。吉达和我尽量不搭理他。不久之后，露台上又来了个男人，还带了个十几岁的男孩。他们仨交头接耳，还偷瞄我们的行李。

我冲他们微笑，又挥了挥手。他们没动静。我不愿意往坏处想，但在艰苦地区工作的经验告诉我得谨慎点。

老妇人端着食物，再次出现在我们面前，我们狼吞虎咽地吃了起来。吃饭的时候我一直留着神，偶尔板着脸看看他们，要让他们仨知道，我在看着他们呢。他们的目光越发难以捉摸了。

趁着老妇人回来收拾餐盘的时候，吉达靠过来，压低嗓音对我小声说："我一会儿跟着她进去结账，你等会儿再给我钱吧，看好行李。"

吉达帮忙收拾盘子，然后跟着老妇人进屋

了。我在头脑中演练可能发生的情节，琢磨着当初保护过我的格斗课。我把手伸进左边的衣兜里，摩挲着念珠，把中指紧紧地叠在食指上祈求好运，接着又把手放回桌子上。我的右手在衬衫底下慢慢摸索，解开之前藏在腰间的猎刀手柄上绕着的扣子。

我十分庆幸索菲娅不在场。

突然，吉达举着一摞透明塑料杯和两大瓶印加可乐冲回露台。她笑容满面地和那三个人打招呼，大声嚷嚷着："喂，伙计们！从我们到这儿开始你们的眼神就没离开过我们。你们应该打个招呼啊！喏，喝点汽水吧，我还从利马带了些巧克力过来。我们打算去马雅图雅丘找胡安大师还有桑德拉。"露台上的人齐刷刷抬起头，目瞪口呆地看着她。"快，巧克力和印加可乐，人人有份！我都很长时间没来奥诺里亚了。之前错过的八卦，我现在每一条都想听。"三人旋即恢复平静，局促不安地笑着，接过了汽水和巧克力。

听到外面的喧闹，老妇人走出屋，激动不已。接着她冲回屋，又带了 7 个人出来：有男有女，有小孩，甚至还有条流浪狗。

到场的人变多了，聚会也就变成了名副其实的派对。我笑了。我重新扣好固定刀的扣子，思考着，要是当初由女人领导政府，秘鲁现如今可能会大不相同。

派对结束的时候我们听到了马达声。向上游望去，我们发现了一艘噼咔噼咔（peke-peke）——一种细长的木制亚马孙河船，形如拉长的独木舟，船首突出。赤褐的船身与帕奇特阿河以及丛林浑然一体，然而船上的红白秘鲁国旗恰恰与自然的色彩形成鲜明的对比。船员慢慢把船停靠东岸边。老妇人走出厨房，告诉我们说："你们的向导在那儿，他们会带你们去马雅图雅丘。"

第六章

名不副实？

噼咔，噼咔，噼咔，噼咔。我们的电动独木舟拍打着帕奇特阿河的水流，传出节奏分明的机械声。船长是一位身材矮小的亚马孙老人，正坐在船尾操纵发动机。后来回到奥诺里亚镇，等到他跟我们介绍他自己的时候，吉达和我简直不敢相信自己的耳朵。

我当时问："弗朗西斯科·皮萨罗？跟那个征服者一样？"他骄傲地回答："正是。"

我们在这条水上公路上航行了半个小时，一

路穿越丛林。陡直、泥泞的峭壁高约 4.6 米，形成了河岸。郁郁葱葱的丛林在峭壁顶部蓬勃而出。

高耸的树木和茂密的丛林使崖脊上方的地形难以辨别。有些地方，带茅草屋顶的宅院修建在青翠的草坪上，周围遍布着大树和牛群。这一片一片驯化的丛林展露出绵延起伏的小山和溪谷。

吉达笑容满面地说："不敢相信吧？我喜欢这个丛林。"我点了点头，说："美，但我就是等不及想看那条热河了。说实话，我现在没心思想别的事。"

吉达大笑，她说："还是多享受一点眼前的风景吧，马上就能看到河了。"

我们听到噼咔噼咔船头传来一阵喊声，我们的第二位向导布伦瑞克就站在那里。他 30 岁出头，是大师的徒弟。他伸手向 9 米开外指去，说："快往那儿看！那就是沸腾的河的河口，是冷热水交汇的地方。"

终于看到了这条河！我环顾四周。我们的右侧有一条支流，宽逾双车道，大量河水正不断注入帕奇特阿河。两水相接之处，一股暗橄榄绿色的卷流蜿蜒着汇入帕奇特阿河的红褐色水流。可是哪怕连一小缕蒸汽我都没看见。

船头驶入卷流，布伦瑞克伸手探进绿色的河水中，并示意我照做。

我把手伸进了帕奇特阿河冰冷的褐色河水里。

我们一经过绿色的卷流，河水便热了起来。我们离支流越来越近，河水也变得越来越热，后来我们终于平稳地驶进河口。此处水温明显更高，像热的洗澡水，但还没达到沸腾的程度。

我不该感到失望，可是我已经兴奋过早了。这条"温暖的亚马孙河"并不是我梦想的东西。"沸腾的河"名不副实。我轻轻地叹了口气。

好了，不推测了，也不期待了。我得去马雅图雅丘，让河流亲自讲述自己的故事。我得专注

我们的噼咔噼咔驶离奥诺里亚镇暗红色的河岸，随着浩浩荡荡的帕奇特阿河静静地漂流。

沸腾的河所在的地区正面临着森林被野蛮砍伐之灾。珍贵的大树遭到砍伐和售卖（很有可能是黑市），剩下的丛林则被付之一炬，为农业让路。

于真实的可量化数据，不再理会道听途说。

　　弗朗西斯科娴熟地操纵着噼咔噼咔，把船停到岸边。在峭壁泛红泥土中凿刻而成的台阶吸引着我们进入下一段旅程。我打开 GPS（全球卫星定位系统）上的轨迹追踪，又把手机悄悄塞回双肩包。

　　我们下了船，爬到河岸上，在那里看见了一条直通森林的狭窄泥泞的小径。布伦瑞克带着我

们深入丛林的时候，弗朗西斯科便掉头返回奥诺
里亚镇了。

　　这条小径踩得很好，但崎岖不平。树根突现
的粗壮大树替我们遮挡烈日。奇形怪状、有着罕
见纹理的弯曲藤蔓在叶子里蔓延。我们头顶上方
挂着的电光色花朵清新又奇异，让我很难相信它
们是真花。当我们在起伏不平的小径上上下下
时，隐匿在暗处的动物们为我们唱着欢快的小夜

曲。成群结队的蚊子悄悄地追踪着我们。我们涂抹了大量的防蚊液，形成了一个无形的障碍区，一片蚊子在外面盘旋着，就是闯不进来。

在一大片空地的尽头靠近一座高埂最高处的地方，我看到了一条坑坑洼洼的土路。我向布伦瑞克打听这是怎么回事。

他严肃地回答道："伐木工前几年开拖拉机过来，还把大树拉走了。他们被人撵出去了，可是空地留下来了。"

吉达语气悲愤地说："许多年前，我和一个本地组织一起做社会工作，就在从这儿往南走很远的丛林里面。当时我住在一条大河边上的一个村庄里，那片地区受到了所谓的保护，但是当地居民仍然备受偷木贼的骚扰。有一天晚上我睡不着，就去河边散步。当我走到河边的时候，我听到了奇怪的动静。借着满月我看得清清楚楚，可是我内心却有些希望刚刚没看到。从一头到另一头，从上游到下游，我能看见的河段里，都满满当当地漂着粗壮的吉贝木棉树。拿着长竿的人在漂浮的巨木间走来走去，引导着它们往下游漂去。他们为什么要趁天黑运那些树干，原因不言而喻。

"那些树，随随便便一棵就有几百年树龄。这正是我当时帮部落做斗争的原因所在。我太绝望了，就跪下去哭了。

"第二天，我把自己看见的情况告诉村民。他们都太熟悉这番景象了。他们描述了伐木工会如何开着拖拉机出现，砍倒大树，砍光、烧光一片土地，再开拓成小径，方便他们把树干或滚动或拖拽到最近的河边，我们刚刚看到的那条小径就是拖拉机留下来的。"

一腔愤怒涌上心头。我嘟囔着："太可怕了。"吉达接着说："最糟的还在后面呢。我们发现那些古树大部分都拿去生产胶合板了。吉贝木棉素有丛林贵妇的美称。它们的树干宽逾2.7米。

"人们认为吉贝木棉拥有强大的灵魂，在一

些部落，即便在吉贝木棉附近小便都属于重罪，而现在它们被拿去生产胶合板了。"

我们小队继续深入丛林，一路沉默。我的思绪又飘回沸腾的河。如果关于河流的记录是真实的而不是夸张，那么存在三种可能的解释：这是个火山／岩浆系统；这是个非火山热液系统，地热水流被快速从地球深处带到地表；这就是个人造河。

第三种解释有些尴尬。如果沸腾的河正是由某场油田事故——不当废弃的油井、压裂失败或是油田水误注回土壤——造成的，这该怎么办？我知道秘鲁和国外发生的许多案例，有些油田事故造成了一些地热特征。最臭名昭著的事故位于东爪哇的露西泥火山，曾造成3万多人流离失所。这种规模的事故会立即产生重大财政问题和政治问题，露西泥火山事故引发的真正原因也因此而一直争议不断。在塔拉拉沙漠，我最近走访了两个来历惊人的旅游景点。原计划是石油公司将两口仅能产生温热盐水的废弃油井严格封存并关闭。据说当地人看到了温泉的经济潜力，便迫使石油公司继续开放油井。石油公司妥协，油井也改建成了浴池。如今，那些毫无疑心的游客到"天然治愈温泉水"消费放松，还往自己的脸上揉擦"回春驻颜"温泉泥。

当我意识到这一糟糕的可能性或许就是最可能的解释时，我长长叹了口气。我们正在秘鲁亚马孙第一处油田附近，秘鲁亚马孙被研究得很透彻，也不太容易忽略一条大型热河。再者，这条河并未出现在秘鲁政府绘制的地热特征图上。不过，1965 年的报告提及的一个"小型温泉"就在这一大片区域某处……

或许这条河曾是一处偶然开始沸腾的小型温泉。可能传说是后来才出现的，我在秘鲁别的地方也见过这种事。或许我正在徒步闯入一处掩人耳目的油田。毕竟事故对生意不利，而且公司送钱给政府官员让他们忽略这些"小麻烦"。这种事也不是没听说过。

我沮丧地摇摇头，试着理清思路。我想我对这一切未知因素厌倦至极。在看到真实数据以前我都一无所知。我需要准确的 GPS 坐标来判断这条河离最近的油田究竟有多远。我需要精确的温度数据来计算出这些记录究竟有多夸张。最要紧的是我得找到 1933 年那个该死的莫兰研究——这是开发这片区域前的唯一研究，也是现存唯一可能提及这条河的研究。

我做好准备，无论发现什么结果我都会接受。科学并非我们想听到的故事——科学是数据告诉我们的故事。

就在这时，布伦瑞克停了下来，并抬手指向一个横跨小路半掩半露的厚金属管道。他说："这个输油管道当时从油田通往普卡尔帕。几年前他们停用了管道，如今大部分被偷走了。它是我们的边界线——从这里到河边都是我们的领地，我们现在在马雅图雅丘。"

一大块木头路标上漆着：马雅图雅丘——禁区。

位于马雅图雅丘边界线的一块路标写着禁止焚林清地者进入丛林。巧合的是，边界线就是一条废弃的输油管道——它提醒着人们，这片区域曾经是秘鲁亚马孙地区最早的石油开发点。

我问布伦瑞克："禁区？禁谁？"

"伐木工、猎人、擅自占地的人。我们正努力在马雅图雅丘做好事——为人们进行治疗，还给他们提供传统天然药物。我们的知识来自植物，也来自祖父母。"他不再言语，抬头看向一棵粗壮的大树。

布伦瑞克轻轻地抚着树干："土地让人清理干净了，神灵也就都离开了。"

他伸手指向路标，接着说："马雅图的意思是丛林之灵，雅丘的意思是水之灵。我们在这里同时使用两种灵力进行治疗。"

他的话语饱含敬意，在我的内心深处引起了

位于马雅图雅丘边界线的一块路标写着禁止焚林清地者进入丛林。巧合的是，边界线就是一条废弃的输油管道——它提醒着人们，这片区域曾经是秘鲁亚马孙地区最早的石油开发点。

共鸣。我决定自己保留自己的这些假设——对河流正常的科学怀疑态度甚至都有可能让人误解为不敬。

我们登上第二座高大的山埂，山埂上方布满了参天大树，它们守卫着周围的丛林。我们稍做休息，吉达和我大口大口地喘着粗气。顶着高温跋涉两个小时已经让我们精疲力竭了。布伦瑞克安慰我们说："就快到了。"

我们稍稍缓了一口气，便听到远处传来的声音。我问："什么声？听着像低沉的轰鸣声。"布伦瑞克抬眼冲我微笑：

"这就是那条河的声音。"

第七章

沸腾的河

我惊讶地盯着布伦瑞克和吉达。我忘却了疲劳，赶紧冲到小山边，想第一个目睹这条河，但叶子挡着什么也看不见。布伦瑞克放声大笑，向下指了指一条通向丛林的陡峭小径，激励我说："走！"

我顺着土路向下猛跑，低沉的轰鸣声渐渐变强。

我能辨认出树林那边有一处空地，空地上建了几栋木屋。树梢上萦绕着袅袅的白雾。我朝着小径尽头的一栋建筑走去，发现了一幅令人叹为观止的画面。碧水淙淙，涌过象牙色薄层岩石河岸。巨树高耸，在河两岸形成两堵绿墙。激流拍打着岩石，水流冲击力惊人，激起片片碎浪。我踩着一小块滨河峭壁的边缘，仔细察看下面的景象。我顺着河流弯道看去，它在前方的丛林里消失了。午后的阳光火辣辣地直射在我身上，晒得我大汗淋漓。我的心脏激动得扑通扑通地跳动着。白雾纱幔垂在河面，袅袅上升，随风舞动。这些水必是相当热才能在这样的气温中蒸发，想到这些我便咧嘴笑了起来。

上游一条热气腾腾的小溪将马雅图雅丘部落一分为二，接着便从峭壁上倾泻而下注到河里了。瀑布上方，隔着薄雾可见一道遒劲的轮廓——一棵奇形怪状的大树，约9米多高，神秘又摄人心魄。倘若丛林里的蛇全都彼此缠绕一起形成树根、树干、枝叶，恐怕跟眼前这棵别无二致。它的树干包裹在粗壮的树蔓里，它的枝干像蛇发女妖头上伸展出来的毒蛇。它从岩石峭壁的边缘生长出来，横跨河流，根部则像触须一样紧紧地吸附着岩石。

我朝着这棵盘虬卧龙般的大树走去，发现树根处有个标签，上漆着：肉盘虬（el came ren-aco）。通过悬挂标签以示这棵树的意义似乎多此一举。肉盘虬的形状就像童话里出现的东西，似乎天生就意义重大：圣灵栖居之所，也可能是邪灵的囚室。

在神秘之树的下方，我发现峭壁上辟出的台阶直通河边。我沿阶而下，河水的轰鸣声越发响亮。我一踏上紧挨河边的大块石灰岩步道，便觉得周围更加湿热。我小心翼翼地踩着岩石往下走，感觉这些石头很烫。滚滚雾气向我袭来。置身于河流与太阳之间，仿佛置身于一个桑拿浴室。

我卸下双肩包，取出我事先用衣服和塑料袋层层保护的温度计。我注视着这条河，说："见

马雅图雅丘标志性守护树：肉盘虬。当地人认
为沸腾河的蒸汽使它的药效更加强大。

证真相的时刻到了，让我们看看你到底是不是沸腾。"我开始测量。温度计的仪表盘就像是一台老式任天堂掌上游戏机：一个宽大笨重的塑料盒子上嵌着一小块显示屏和几个按钮。我把一根连着灰色粗管温度计的 61 厘米长缆线拧到仪表的底座上。接下来，我校准仪表，再把温度计缓缓浸入河水中。在水流的冲刷下，温度计横了过来，可我还是小心地把温度计往水里放，直到它完全浸在水下。我屏住呼吸，等着温度计显示屏上的读数变得稳定。

读数稳定下来，我终于首次测出了它的温度：85.6℃。在这一海拔下，水的沸点不到100℃——河水虽未沸腾，但足以让我感到震惊。我无论如何也未曾预期过如此之高的度数。你拿到的一杯咖啡平均在 54℃ 左右。水温达到 47℃ 就会引起疼痛，变得危险起来。把我的手伸进河水里不足半秒就会导致我三度烫伤，而跌进去我就死定了。

经历了多年的种种质疑、文献查阅、死胡同和挫折，我终于在这里找到了沸腾的河。传闻或许仍然言过其实，但很显然并未夸大很多。

我让温度计冷却下来又重新测量了几次。度数一直在 86℃ 上下浮动。尽管温度高得惊人，但这在很多火山地热系统、非火山地热系统里都很常见。但是它的规模，即它丰沛的水流量令人难以置信。只有有强大的热源才足以产生如此之多的热水。我猜想在黄石公园的超级火山或是在冰岛的火山断裂区能见到如此规模的现象，而不可能在距离最近的活火山达 644 公里的亚马孙中部。这水究竟从何而来？这水的高温究竟从何而来？怎么会存在这条河？

我在我的 GPS 上标记了位置。如我所料，我们位于阿瓜卡连特穹丘。我向南望去，眉头紧皱。大概在 2.4 公里以外的地方正是最早的秘鲁亚马孙油田——我当然希望这里是天然形成的。就在这时，吉达姑妈从崖顶钻了出来，就在肉盘

在沸腾的河进行地球化学水采样。采样点在上游很远的位置，叫作美人鱼的长发。据说有位美人鱼在此安家。

虹旁边。她在浪花翻滚的河流上方喊道："我早就说过河是真的！"

吉达沿着石阶下来，朝着我走过来，我旁边堆着各种设备。她转告我说，大师今早带着一大帮外国病人，还有马雅图雅丘部落里的大部分居民出发前往普卡尔帕了。

她安慰我说，明天我们回机场的路上途经普卡尔帕办事处的时候可以跟他见面，可我还是担心。既然我已亲眼见到这条河，我就必须了解它，这就意味着我得取样拿回实验室进行分析。无论这条河是否属于自然现象，它都是这个部落的圣河，未经大师许可便从他们的圣河里取样是绝不允许的。

她说："那么，你觉得怎么样？"

"令人惊叹！我看见它了，但简直难以置信，我现在竭尽全力，想真真正正地了解它。"我停了一下，然后又不假思索地说，"我就是真心希望这条河是天然的。"我本不打算说出自己的担忧，说完马上就后悔了。

吉达感到吃惊，她问道："什么意思？"我告诉她，作为科学家，当我遇到无法理解的事物时，我会试着想出可能的解释，即假设。我能想出三种假设用于解释这条河的成因。河水可能受地球深处的岩浆加热，就像在黄石公园里那样，但在这里不可能，因为尚无研究表明该地区存在任何岩浆体。第二种解释是河水由地球自身加热。即使本地不存在岩浆体，随着深入地下，地壳温度也会升高，这被称作地温梯度。如果河水因地温梯度受热，那么河水很可能来自地球深处，但河水循环到地表时会冷却，因此，如果要获得如此高温的热水，那么从地球内部到地表的水流速度必须异常快。无论何种原因，如果它是天然而成的，那它就是我见过的最显著的火山或非火山地热现象之一。我犹豫了好久，又解释了第三种假设：这条河根本就不属于自然现象。我们位于最早的秘鲁亚马孙油田北部 2.4 公里处。这条河可能是一场油田事故造成的——一处产生热水的废弃油井，或是油井水回流到地下经过加热又重新循环到地表。这就是我急于找到 1933 年莫兰报告的原因，这份报告或许描述了这条河在人为开发活动前的情况。

吉达轻轻地说："呀，那么你打算如何寻找答案呢？"我说："首先我得请求大师同意我研究这条河。要想真正了解这个地方得花上几年时间。但第一步已经迈出去了——我知道这条河的

沸腾的河部分河段依傍着陡直的峭壁，再加上浓密的丛林，使得实地考察异常艰巨。这种环境要求每一步都必须小心翼翼且经过严格计划；跌落到下方的河中势必造成严重后果。

准确位置，还知道它的高温并非言过其实。"吉达神气活现地冲我笑。

"我们一回到利马，我就会查阅关于这一地区的研究文献，我们很幸运，我们所在的这个区域研究得很透彻。然后我会试试联系当地石油公司，咨询他们在这一地区的活动情况。

"我想明年回来多待上一段时间，再带上一个研究团队。届时我会需要人手，帮我沿着整个河道测量河流的温度，从而确认河流的加热方式。"

"加热方式？"

"它在某一处变热还是在一大片面积内多处变热？如果热水来自一处废弃油井，那么理应存在一个大型单一加热点，这就是埋藏或者隐藏弃井的地方。

"眼下，我想取水样。河水有化学'指纹'，可以拿到实验室进行分析，结果可以解释一些情况，比如这些水是否来自已知的地热含水层，比如这些水是否表现出岩浆特征或是油田特征。但我得先得到许可才行。"

吉达忧心忡忡地问道："如果你发现这是个油田事故，你会怎么办？"

"不知道——我猜，会让当地人特别厌恶吧。"我们笑作一团，但这想法让我反胃。我说："真的，尽管这样，我还是会做正确的选择，会把这件事曝光的。"

吉达说："那么就让当地人特别厌恶吧。那要是纯天然的呢？"

"那么我将证明世界远比我们想象的精彩。"

第八章

萨 满

明月如弦，柔和的月光笼罩着丛林。蒸汽如幔，从水中袅袅升起，此时的河流低吟着催眠曲。饥饿的蚊虫隔着我床外的蚊帐四处觅食。黑夜掩藏了世间一切纷扰，给我留下空间独自思考。

我惦念着索菲娅，内心激烈地斗争着，不知该怎样把今天发生的事讲给她听。我能把今天的故事、经历、描述编成足足几册书，即便如此，我也得把这段旅程珍贵的细节总结出来。任何故事、科学研究、图片或是影像资料都未曾如实反映这里。或许这正是当地人视此地为神圣之地的原因。

今天早些时候，布伦瑞克带着我们深入丛林，向上游走了约 1.6 公里。我们路过的每一株植物都有药用价值，沿河的每一处地方每一种植物都是不同神灵的居所。我们看到了几处大水潭，其中一处有一条落差大概 6 米的瀑布飞泻而下，流出的水全都是滚烫且致命的。

布伦瑞克允许我采集水样，不过等到我们抵达普卡尔帕的时候，我还得再次征询大师的意见。布伦瑞克饶有兴致地看着我往各个瓶子里分装滚烫的热水并详细记录每个水样的位置。

虽然我测出的水温最高达 91℃，但是我发现河流源头是一条冰冷的小溪。沿河有三处大型热注入带为河流增压。这一加热方式点燃了我的希望，或许这条河真是天然形成的，因为，如果河水来自一口废弃的油井，那么它只能在一处升温。但仍然有这样的可能，即回注油田水升温并经由天然断裂带流至地表。我需要更翔实的数据才能做出判断。

在上游稍远处还未到第一处热注入带有一块巨型砂岩卵石，如同丛林中探出的蛇首一般。布伦瑞克视其为河流最为神圣之处，这里居住着雅丘妈妈（Yacumama）。雅丘妈妈也称作"水之母"，是产生冷、热两种水的巨蛇神。巨蛇岩石"下颌"处有一股温泉与冰冷的溪水交汇在一起，这使传说更加活灵活现。

布伦瑞克说，河流早在祖父辈以前就已经存在了，它同时象征着生与死。死亡在这里随处可见——刚才我们走路时看见一只倒霉的青蛙跌到河里给活活烫死了。河流用那些不愿敬而远之的动物尸骨装饰着自己。

然而除却滚水，这里生机盎然。每一块土壤都萌发出草木。不管我们看向何处，都有东西在蠕动、鸣叫或是爬行。看到近乎沸腾的河水里竟然生长着藻类，我大吃一惊。

　　我采集水样的时候，布伦瑞克给我讲述了前来疗养的病人。接纳来访完全靠口头决定——唯一获准进入的方式是是否有一位"马雅图雅丘之友"推荐你过来，就像吉达带我过来一样。此外，几乎所有的病患都是外国人，多半来自欧洲和北美地区。布伦瑞克还说，有人类学家和心理学家前来研究马雅图雅丘的传统治疗方法和天然药物。这一定是全世界最知名的未知地了，这不

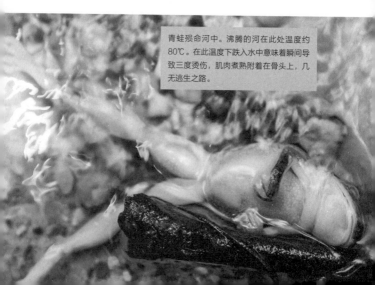

青蛙殒命河中。沸腾的河在此处温度约80℃。在此温度下跌入水中意味着瞬间导致三度烫伤，肌肉煮熟附着在骨头上，几无逃生之路。

是我第一次这样想了。

布伦瑞克告诉我说，尚未有人前来研究这条河。过去人们认为热量来自神灵雅丘妈妈，如今本地人和外国人都觉得热量来自火山。

清晨，阳光透过窗子和孔洞照进我的小木屋。和谐悦耳的丛林之音把我叫醒。我小心翼翼地整理设备和珍贵的水样，为长途跋涉返回利马做准备。

我走到厨房小屋，看见布伦瑞克，便问他上哪儿能弄点茶喝。他递给我一个马克杯和一袋茶包，然后指了指下面那条河。我大笑，但他指了指自己冒着热气的马克杯。他是认真的！走到河边，我考虑到了往往存在于地热水里的各种重金属以及其他有机的、无机的脏东西。

尽管如此，入乡随俗……

我把我的马克杯浸到河里又提了上来。我仔细观察杯里清澈、无味的水，此时水汽打着旋从马克杯中升起，轻轻地抚动着我的脸。水一降温我就抿了第一口。这水不仅干净，而且爽口。我在河边喝茶，在沿昨天的路回城之前，还悄悄道了别。

回到普卡尔帕，吉达和我站在那扇熟悉的绿门前。我知道胡安大师就在这扇门的另一侧，顿觉紧张与激动。他会对我说点什么呢？

吉达敲门，门马上就开了。一位身材健硕的亚马孙妇女站在我们面前。

吉达喊道："桑德拉！"老友相拥，吉达把我引见给她。桑德拉边说边把我领进屋，她说："我们已经听过很多关于你的消息了。你并不能天天都遇上一个对火山和热河感兴趣的人。我就是很高兴你没掉进去。"她把手搭在我的胳膊上，说道："我们都知道，吉达只会给我们带好人过来。请进吧！"她把我们带进精心布置的办事处，这是我们昨日启程的地方。

一个男人从座位上站起来。他看上去有 60 多岁。他穿着耐克短袖汗衫、棕色长短裤、长袜，没穿鞋。

尽管我们离马雅图雅丘很远，我仍然能在房间里感受到丛林的气息。他的皮肤跟帕奇特阿河一样，是深褐色的，他的短发和锐利的双眼漆黑如森林的夜晚。

胡安大师矜持地跟我握了握手。我们纷纷就座。当我局促不安地坐下时，吉达和桑德拉打破了此时的沉默。大师纹丝不动，但他能明明白白地抓住一切细节，我敢肯定我正被人琢磨着呢。

桑德拉问我："安德烈斯，你觉得马雅图雅丘怎么样？"我察觉到大师狡黠的目光落在我身上。

我勉强说道："令人惊奇。这条河绝对是个奇迹，是秘鲁奇迹，也是世界奇迹。"

大师不再沉默，盯着我的眼睛问道："奇迹？那么奇迹是怎么来的？"他嗓音低沉而率直，问话时往座位前边挪了挪。

我紧张不安地说："问得好。"然后我冲着墙上的图画比画着说："看，'秘鲁奇迹'。这些地方都与众不同，我曾有幸目睹了不少，但其中我最了解的要数马卡瓦西高原了——我第一次去的时候才 12 岁。"

他眯起眼睛说："那地方对一个 12 岁的孩子来说太远了。"

我答道："对我的家人来说很重要。"

"丹尼尔·鲁索博士。"

"对！你怎么知道的？"

他严肃地说："我曾到马卡瓦西高原数日——为了向死亡学习。丹尼尔·鲁索博士深受马卡瓦西人民敬仰。"

我说："他是我的曾祖父。我很小的时候他就过世了，所以我从来没有真正了解过他。他热爱马卡瓦西，并且我觉得我在那里能感应到他。"

大师的目光缓和下来："跟祖先有感应是很重要的。"

我点头表示同意。"最近他的遗孀给了我一

些他的遗物，我能强烈地感应到他。"我停了一下，一段回忆令我微微一笑，"那天发生了有趣的事。当她得知我已经成为一名地质学家时，她大笑着说：'没有哪类人比地质学家更让你曾祖父讨厌了！'然后她就抬头看向天空说：'看见没，丹尼尔？报应！'"

大师问道："为什么是报应？"

"关于马卡瓦西巨石像的成因，我的曾祖父有他独到的见解。说得好听点，地质学家们并不赞同他的想法，而这没能让他把自己最好的一面表现出来。"

大师咧嘴一笑："那么，你尊敬谁？你的曾祖父还是他的朋友们？"

我答道："我觉得这并不是尊敬谁的事。这是尊敬马卡瓦西高原。自然讲述着她自己的故事。我们时常误解自然。可是接受任何结果与仅仅追寻你想要的结果二者之间是有差别的。我说这些是充满敬意的，但我的曾祖父并非科学家，而且在他的著作中，他似乎更乐于证明自己的观点，而不是倾听自然。"

大师露出笑容："植物教会我们治疗病患。我们必须遵从它们的意见来制作药物。如果你不好好听会把人治坏的。"他又顿了顿，"你为什么要学习地质学？"

我笑着说："这个嘛，我喜欢在外面游走。但说真的，我觉得地质学能给我最佳的机会，让我去拯救这个世界，因为我能通过地质学试着找出更好的方式来产生能源。

"我很幸运自己拥有三个祖国：秘鲁、尼加拉瓜、美国。这三个国家大不相同，但需求类似，比如说洁净的水和空气、经济稳定、社会繁荣——这一切都直接或间接地和我们如何运用我们的自然资源联系在一起。因此，如果我们能找出更好的能源生产与使用方式，我们就能够解决其他类似问题。最后，我认为如果我们关爱自然，她也会关爱我们。地质学正是我个人尊敬她的方式。"

很长一段时间里——时间长得令人不安——大师都没有回应。终于，他的脸上露出笑容，他开始放声大笑。

他温柔地说："现在我理解你了。我是个人类的民间医生，我的任务是治病救人；你是个地球的民间医生，你的任务是治疗地球。自然属于每个国家，自然不受边界限制——我年轻的博士，你也不受国家和边界的限制。你来完成这个任务再合适不过了，自然本身也因此生出了一对灵魂。你从事的研究对你来说很重要，我同意你在马雅图雅丘进行研究。"

我一时不知道说什么才好。

大师又放声大笑："很意外，对吧？"

我对他一再感谢，并表示自己希望马上回来。我说道：

"大师，还有一件事。"

"什么事？"

我拿出装着水样的塑料食品袋。"我昨天收集了这些水样。我打算先征得你的同意，但因为你当时不在场，我就咨询了布伦瑞克，他说带水样来见你然后再问是不是可以把它们带走。"

"你已经得到许可了呀，"他轻声说道，拿出了一个瓶子仔细端详，"谢谢你给我看这些。你是个好孩子。"然后，他站起来说，"我有点东西要给你。"他拐进了旁边的房间里，重新出现时，他手里多了样东西。他把那东西放到我的手上。它冰冰的，带着平滑的波纹。"这是来自丛林的护身符，这个护身符能保护你完成任务。"

一个牡蛎化石，它完美地契合了我的手掌。"谢谢你！"我说道，我欣赏着灰色贝壳的光滑质地。

大师说："还有一件事我要请你做。"然后他拿起一瓶水样。"你研究完这些水以后，无论你身在世界何处，都要把它们洒到地上，这样它们才能找到回家的路。"

第九章 ··

久盼终归

　　夜幕降临马雅图雅丘，丛林里一派生机。蝙蝠飞出它们的栖息地，用属于它们那个世界的音调在黑暗中灵活地穿梭。蛙类和昆虫引吭高歌。蜘蛛在丛林里爬来爬去，眼神如露珠般闪耀。影影绰绰傲视一切的，暗夜中依然生机勃勃的，便是这条河，河水轰隆着发出嘶吼，滚滚云雾在凉爽的夜空里弥散开来。

　　发电机点火轰鸣，打破了夜间合唱，湮没了万物声响。在马雅图雅丘部落中心，灯泡在传统亚马孙大型长排房屋——大棚屋里忽隐忽现。

2012 年 7 月，我在达拉斯待了 8 个月后重返丛林。安排这次实地考察季漫长又艰辛。我的博士答辩委员会担心沸腾的河已经开始分散我的精力了。一位委员会成员告诫我说："你一直在进行地热测绘工作，现在把它搁置一边转而去研究这条河，这很可能得花上几年时间才能有个结果，这个主意好像不太明智。"

我很幸运，委员会主席并不担心放任我去故意犯错，同时我也得到了应有的许可，对此我将终生感激。但在这一点上，时间过于仓促，我无法筹到预期的资金。我打破了储蓄罐，自费购买所需的工具，兑换了常客航空里程积分，飞回到这条河。

经过一天漫长的丛林之旅，我们这个背景各异的 8 人志愿研究小队围坐在大棚屋的木质地板上。我们中有两位地质科学家、一位电影制片人、一名建筑系学生、一位游戏画师、一位猛禽训练师、一位广告商，还有一位小学教师。除我以外没有人来过亚马孙，大家探讨、比较各自的反应时，整个团队都兴奋地叽叽喳喳说个不停。

我的妻子索菲娅大声说道："这里比我想象中还要美！"她刚刚获得南卫理公会大学的广告学硕士学位。

我的表兄，游戏画师蓬雄表示赞同："照片让人惊叹，但你亲眼所见的时候——哇哦！"

"像是电影布景。"说话的是卡洛斯，他在猛禽改造中心工作。

团队里仅有的两位的地质科学家之一玛利亚说："印象最深刻的是这条河的规模。我在各地见过很多温泉，但没见过跟这个一般大的。无法了解究竟有多少热水。"

电影制片人彼得说："我还是不敢相信萨满现在有个网站，接下来他该上脸书了。"

"他们让我们从利马捎过来的东西是一盒甜甜圈。"说话的是彼得的弟弟建筑系学生巴西尔。

小学教师惠特尼说："谢谢你让我们参与其中！"

我们坐在这里有一句没一句地闲聊，说话间我忽然意识到发电机一晚上只能工作两小时。我提请大家注意，我要深入探讨我们在此工作需要涉及的内容。

"下个月我们都会待在丛林里，设法了解为什么这条沸腾的河或者说几乎沸腾的河离最近的活火山中心 644 公里竟然还能存在。主要有三种假设。

"其一，这条河与岩浆系统有关。在这一点上，我想我们可以排除这一假设：这一地区已经得到周密的地质研究，并没有任何关于火山或岩浆的记录。此外，2011 年的水样分析显示河水来自大气，这些水和落在地球上的雨雪有着相同的化学特征。但我是在丰水期达到峰值的时候采集的那些水样，可能会影响分析结果。这就是我们在枯水期达到峰值的时候出现在这里的原因，我们务必要采集到'最纯的'地热水样。

"其二，这次探索激动人心之处在于这条河是一处异常大型热液系统作用的结果，系统中的水渗入地球深处，升温后涌出地表。这一现象时有发生，但在如此高温和惊人水量的前提下，速度一定快得难以置信。我们很可能就在世界上最大（之一）的非火山陆地地表地热特征面前。这本身就很振奋人心，但理解这一系统可能会带来甚至更为重要的结果。"

大家都看向我，面露不解，只有玛利亚微笑着点点头。她知道我会说什么。

我缓缓地说："这里是神圣的，应该永不开发。但产生沸腾的河的过程值得研究，或许同样的过程也正在制造其他地热系统，只不过深埋在亚马孙某个地方。如果能利用这些系统取用地下热能，将有助于开发普卡尔帕这样的亚马孙城市，减少因城市开发对生态环境的影响，同时还能提供就业机会。"

2012沸腾的河考察队：安德烈斯、索菲娅、彼得、惠特尼、玛利亚、巴西尔、卡洛斯、蓬雄。我们身后的大水塘水温约60℃。

我又强调说:"再说一遍,永远也不能利用这条河。但了解它的工作方式,理论上可以让我们目前的现代生活与自然世界和谐共处。"

最后,假设三。我压低了嗓音:"最糟的情况就是,这条河可能不是天然的,可能是油田事故造成的。"

惠特尼问:"那传说是怎么回事?"

我说:"传说可能是后来才出现的。先有异乎寻常的特征后来再赋予它们新的含义并不是罕见的事。我能找出的所有研究都没提到沸腾的河。这片区域已经经过勘查、开发80多年了。那么有个所有人都避而不谈的问题:为什么以前没人提过这条河?

"有一项调查或许可以回答这个问题,但我哪儿都找不到它——1933年莫兰的研究。这是早在所有开发活动以前的唯一一项研究,理论上这项研究应该能鉴别出这条河。我也试过联系枫树天然气公司,这家油气公司在这片区域作业,但很不幸也没有这条河的消息。我希望他们能让我勘查他们的油田，既是为了我的地热测绘，也是为了更透彻地了解这条河。

"无论如何，我们此行目的都是全面研究这条河。它流向帕奇特阿河，我们的主要目标便是采集水样并详细绘制它的温度地图。可惜这一地区的谷歌地图卫星影像分辨率太低了，一点用处都没有。我现在正向谷歌总部发出请求，希望他们能提供高清影像。

"这次会议结束以前，我想再补充一点，胡安大师和桑德拉在普卡尔帕，三天后他们会带着一个大旅游团回来。该说的应该都说了。有什么疑问、评论或是关心的事吗？"

卡洛斯说："就一件事，我刚刚意识到这是我离一块比萨最远的一次。"

发电机停止工作了，黑暗再次吞噬丛林。此时索菲娅和我在部落边的小屋里铺床。我把蚊帐边都仔仔细细地塞到床垫下面掖好。

索菲娅说："我还是不敢相信它们究竟咬了你多少下。奇了怪了，我们可是用的一样的驱蚊药啊……"

躺到床上的时候，我说："亲爱的，我不明白。"

"明白什么？"

"布伦瑞克当时告诉我说基本没有秘鲁人来这里，游客大部分是外国人。我翻阅了访客登记簿，他们真的来自世界各地。我就是有点纳闷，竟然从来没有人调查过为什么亚马孙中部会有一条大型热河。"

她轻声说道："安德烈斯，你是个地热学家，这类事对你来说自然很特别。但这些游客来是为了治疗；他们关心他们自己的事，在乎他们自己的感受。而且突然沉浸在亚马孙中部特别让人应接不暇，尤其是当你来自发达国家的时候。有很多很多东西要接受。人人觉得这条河特殊、罕见。但这里事事特殊、罕见。还有，现在似乎世界上每个角落都已经让人探索过了。人们很容易就认定已经有人勘查过这条河了，尤其当你不是专家的时候。"

我回答说："你说得对。我忘了并不是所有人都跟我有相同的眼光。在科学中，我们不得不对我们不了解的事物进行仔细审查，不得不去探寻意义。我只是希望人人都能多多怀疑自己的假设，这会使他们发现我们生存的这个世界是多么精彩。"

索菲娅回答说："那就是为什么我们有你这样的科学家了。求你了，我累了。"

我凝视黑暗，思绪纷纭。想着明天即将面临的一切，想着我们可能发现的一切。我止不住让思绪天马行空。我说："我就是觉得很荣幸，大师让我研究这条河，还让我把它呈现给世人。"可是索菲娅已经迷迷糊糊睡着了。

第十章

引见仪式

前三天的实地勘查工作进展顺利，为了最大限度地保证精确度，我们进行沿河前期调查、校准仪器并确定实地测验法。大师和桑德拉带着新宾客如期归来。

我跟上大师，他正在河边准备草药。

我向大师反映说："我们到了上游，这条河在那里还是条冰凉的小溪，流进一处冰凉的水潭，水潭上有条瀑布，人可以坐在瀑布后面。我们当时没法穿过这条瀑布，因为丛林太茂盛了。"

大师说："让路易斯带你们过去，他最熟悉丛林。"我回答说："那可太好了。这里地形复杂、植被茂密，我们的 GPS 甚至失灵了，定位误差过高，根本用不上，除非我们在空地上测量，可空地又不是处处都有。"

"你们要干什么？"问话时，大师的眼睛一直没离开手中的活儿。

我告诉他说："我打算用一根约 10 米长的绳子把蓬雄和卡洛斯绑在一起。我们会从上游开始测河温，越远越好，每隔 10 米测一次，一直测完整条河。"

大师觉得这非常可笑。他一忍住不笑就开始看虫子在我身上咬的包了。"它们咬了你不少啊。"

我瞧了瞧自己的四肢。"它们是要活活吃了我！单单在一条腿上我就数出来 76 个包，然后我就不数了。说来也怪，我们整个小队都用同一种驱虫剂，但谁都没像我这样。"

大师说："我之前就料到你会挨咬，丛林是

在尽力保护自己。"

"它要防备什么？"

"防备你。"

我问："那我队里其他人呢？"

他说："他们并不构成威胁，可丛林惧怕你。丛林诸神审视着我们的内心。从你进入丛林伊始，丛林就在注意你。它看穿你了，看到了你掌握的知识。有你这般学识的人之前来过丛林，丛林因此受伤了。"

那项捉摸不透的莫兰研究在我的脑海中闪现。虽说我还没读过它，但我知道正是它造成了秘鲁亚马孙的首次石油开采。

"那玛利亚是怎么回事？"

"她在这里没有根基，也不会构成威胁。"

我吸了口气之后问道："我怎么做才好呢？"

大师心平气和地说："丛林需要看到你的灵魂。"

然后他注视着这条河，接着说："这条河召唤你过来是有目的的，目的迟早会显现出来。过

大师来自阿萨宁卡一个民间医生世家。他借助草药以及沸腾的河里的热水，再利用从祖辈那里学来的知识追求自己的事业——治病救人。

去我也弄不清这条河召唤你的目的，现在轮到丛林不明白了。我们都惧怕我们并不理解的事物。那么，今夜我们就把你引见给丛林。"

是夜，我走向部落正中的大棚屋，大师先前告诉我说仪式将在这里举行。我进门时有点焦虑。但我一走进屋里，一股熟悉的味道便让我马上安下心来。大棚屋里弥漫着清新的玉檀木的烟味儿。香气唤起我儿时的记忆，我记得爸爸在家里用玉檀进行祷告。恬淡安适之感向我袭来，我又朝前走去。

布伦瑞克手持香钵，香火在黑暗中闪着火光。火光中闪现出大师和布伦瑞克的身影，二人身穿阿萨宁卡传统礼袍古斯玛（kushmas，蓝红绿三色竖条套头长披风）、头戴金刚鹦鹉红尾镶边羽冠。大师一手握着长颈绿瓶，一手捏着已经点燃的黄花烟草（mapacho，亚马孙野生烟草，烟碱重）。

香钵里的火光和黄花烟草鲜红炽烈的火星在

黑暗中熠熠生辉，照亮了忙于布置房间、准备仪式的萨满师徒二人的脸。布伦瑞克端着香钵靠过来，我便双膝跪地，挺直腰杆。他吹灭香火，只剩下一大块红彤彤的余烬冒着浓烟。大师开始吟唱，他便托着香钵站在离我约 30 厘米远的地方。

伊卡洛斯（Icaros）！亚马孙咒语！后来回到利马时，吉达和埃奥向我讲了伊卡洛斯。它们可治疗可引导、可召唤可驱赶、可唤醒可退散、可变形可成形、可进攻可防守。此时此刻，黑暗中，我听到一位大师口中吟唱着它们。

布伦瑞克用另一只手示意，让我把熏香揽向自己。香烟从香钵里滚滚而出，我两手捧着香烟，按照布伦瑞克的指示往身上揽。浓厚香甜的烟向周身弥漫，我感到一阵暖意正轻柔徐缓地紧紧拥抱着我裸露的皮肤，好不惬意。通红的火光中，我注视着香烟在我的衣裤褶皱里缭绕，直至消散。

大师用一种我不熟悉的亚马孙土语吟唱着一

段有节奏的、摄人心魄的伊卡洛斯咒语，时而吟诵咒文，时而哼唱曲调，曲子仿佛和丛林一般久远。大师一直吟唱着，诵曲也不知不觉地变化着。大师的吟唱声和熟悉的丛林声简直一模一样。

几分钟后这段伊卡洛斯咒语声渐弱，以一声响亮的呼哨结束。大棚屋在河流的衬托下安静下来，河流在黑暗中嘶吼着它自己的伊卡洛斯咒语。大师重新点燃他的黄花烟草，点火器闪现出阵阵火光。

这时，布伦瑞克开始吟唱他自己的伊卡洛斯咒语，这首宗教圣歌讲述了耶稣驾云出现。唱词是西班牙语，但节奏明显来自亚马孙土语，这正是一种天主教与亚马孙之灵的趣味融合。

大师俯身在我面前，伸出左手。他示意我伸手，于是我像祷告一样伸出双手。他握起我的双手，深深吸起一口黄花烟草，打着响亮的呼哨，把麝香味的烟吹到我的手心里。他一遍又一遍地往我手心里吹烟，接着还往我的头顶吹。

　　布伦瑞克的伊卡洛斯咒语声渐渐停了。片刻，大师开始吟唱另一段伊卡洛斯咒语。他用西班牙语唱，还夹杂了一种土语，这与第一段伊卡洛斯咒语中用到的土语不同。我全神贯注，能听懂几个明显来自克丘亚语的词，但这并不是我熟悉的安第斯山脉克丘亚语。大师召唤水神、蒸汽神、丛林神、植物诸神，最后还召唤了上帝和天使。他对水吟唱时语气温暖而亲切，就像正在跟一名心爱的家庭成员讲话。他对上帝吟唱时，我感受到一股深深的崇敬之情。然而，他对丛林和植物吟唱时，就像是在试图说服它们。我能看出来他这是在支持我。

　　他说出几种珍贵树木的名字，第一个就是肉盘虬，他还颂扬了每棵树强大的药效。每说出一棵树的名字，他都会唱出一段这棵树特有的旋律。我猜想他是在向每一株守护树表示他认识它们。大师每吟唱完一棵树的伊卡洛斯咒语都唱着"叫吧,叫吧,像我一样"(llora, llora, como yo),仿佛是在提醒每一棵树说,他承认它的生命,并且还像尊敬自己的灵魂一样尊敬它的灵魂。

大师又打出一串响亮的呼哨结束吟唱。

接着,他举起细颈绿瓶,把瓶里的液体——一种沁人心脾的清新花香型香水洒向我。大师示意我像刚才那样伸出双手做祷告状。他把嘴凑到瓶口,深深吸了一口香水的香气,接着又像刚才那样打着响亮的呼哨,把花香气吹到我的双手、两肩还有头顶。

大师后退几步,借着余烬的红光,我看到他的脸上绽放出笑容。他轻轻点点头,我站了起来。

他低声说:"明早来找我,我要给你看一个地方。"

第十一章

丛林诸神

我们迎着朝阳，往上游走去。大师严肃地说："现在对你来说情况变了。这条河用蒸汽为你洗礼，昨天我们用植物为你洗礼。如今，丛林知道，你并不是威胁，它知道你是来帮忙的。"

我面露不解，看了他一眼，可是他却笑了起来。他问："你挨咬了吗？"

我仔仔细细检查自己的胳膊和腿，没发现新的叮咬痕迹。我停了下来，努力回想。我又用驱虫剂了吗？没有，仪式开始前我洗澡了，结束后我也没再用。大师会心一笑。

大师说："它们不会再找你麻烦了。""你怎么知道？"

他不再说话，深邃的双眼眨动着，接着说："你有你的科学，我有我的。"

我们接着往前走，我琢磨着大师的话：用蒸汽洗礼，现在用植物洗礼。

于是我恍然大悟：玉檀是一种木材，烟草是一种叶子，而香水是从花中提取出来的。它们每一样都代表一株植物的不同部分。河水的蒸汽则是由昨晚燃烧的植物香烟体现出来的。

大师和布伦瑞克停了下来，走到小径边上。他们开始用大砍刀清理荒草丛生的旧路，这条旧路通向陡坡。我们能听到河水在下方轰鸣，但河流被茂密的植物挡住了。他俩带路，我跟在后面，我们一直沿着下坡走，最后来到了一处岩石河岸上。

此处河流宽约 7.6 米。河水碧绿清浅，美不胜言，水流平稳而强劲。阳光晒在身上，再加上河岸也要比平常滚烫些，大师、布伦瑞克和我都不禁汗流如注了。

流水声在这里起了变化，不再是低沉的轰鸣声，取而代之的是那星罗棋布的溪流发出的潺潺水声。河岸边许许多多的乳白色砾石都让赤红色的河道染上了颜色，河道上，澄澈的河水冒着热气，源源不断地流淌着，砾石周围长满了一条条黄黄绿绿的东西（可能是菌藻席）。地热水涌出地表的地方，会有各种各样奇形怪状的矿石，让人联想起海里的珊瑚。这简直是地热学家的天堂。

大师注意到我兴奋不已。他严肃地说："这些是圣水。强大的神灵住在这里。水清，还特别烫。要把双脚当作双眼一样来判断在哪儿落脚。看看四周吧，但要多加小心。"

我打量着这些泉水，这时大师和布伦瑞克开始清理河边的另一条小径。

大师叫我的时候，大约已经过去 15 分钟了。隔着浓厚的雾气，他和布伦瑞克的身形只能依稀辨认出轮廓。二人位于下游约 18 米的地方，在他们刚刚辟出的小径上站成一列。

　　狭窄的小径在陡峭的崖脊之上，这里的陡坡直入下方的河流。我一步一步小心翼翼地向他们走去。小径干燥的地方都覆盖着刚刚割断的植物，结果发现这样的地方都是滑溜溜的。阵阵微风袭来，雾气氤氲，把我团团围住，模糊了我的视线。

　　我全神贯注地往下走。汗水在脸上淌下。每口呼吸都缓慢而深重，每步都谨慎小心、严格控制。

　　终于，我追上了大师和布伦瑞克。此时我才注意到波涛汹涌、水花四溅的声音。隔着厚重潮湿的空气，耐着令人窒息的高温，我看到，在我们下方不到 30 厘米的地方，一大片热水正剧烈翻滚着。

大师说："这就是水泵（La Bomba），在这儿要非常小心。"

这里酷热难当，明显感觉出比之前我去过的沿河任何一处都要热上很多。不但天热得要命，还有一团团浓厚的蒸汽从河中升腾而起，我们不得不眯缝起双眼，免得让热气灼伤。我从未见过，自然也从未以如此谨慎的姿势观察过水量如此之多、流速如此之快的温泉水。脚底一滑就意味着瞬间三度烫伤，而我若要逃出水流也绝不容易。水面咕嘟咕嘟冒着气泡，一缕雾气蒸腾而起，笼罩着水面。不能失足，也没有余地分心思考无关紧要的事。本能让我头脑清醒，全神贯注于一件事：每呼吸一下、每走一步、每思考一次，都要谨慎小心、精心计算。没有犯错的余地。

我清楚，自己在这里的时间并没有多少，可我还是迫不及待地想了解这个异乎寻常的系统。我开始一个接一个地合计眼前的事实：忽略酷热天气的情况下白雾的浓度、气泡爆炸的强度、近乎无法忍受的热度。我眯缝着双眼，扫视着那片咕嘟咕嘟剧烈翻滚的河水以外的景象。我发现河面破裂成无数个区域，就像雨滴正倾泻到水面上一样，可是并没有下雨，只有从水面下冒出的气泡。我的视线跟随着断层（岩石内线性裂缝）向对岸峭壁的下方移动，一直看到水下。气泡来自断层！断层往往被当作地球的"动脉"，是水流经地球的高速公路。这恰恰是这里正在发生的情况——这条河由从断层流出的温泉供热。

我肃然起敬。这难道不应该是一个传说吗？

我满腹疑团，转眼看向那咕嘟咕嘟冒泡的河水。我无法判断这无色无味的气体是否仅仅是水蒸气，或是某些更为奇特的物质。我盘算着怎样才能取到一份水样，同时也希望要是自己带着温度计来就好了。我需要精准的数据来判断眼前的一切。这条河真的沸腾吗？

脑海中出现一个声音：安德烈斯，如果你是

个受惊的征服者，迷失在丛林里，你将不会带着一个温度计跑来跑去。而且，你十分清楚你会如何看待这种行为。我打消疑虑，让自己享受眼前的时光，细品慢尝吸入的每一口带来疼痛的灼热空气。

长期以来，我一直暗自希望沸腾的河名副其实，此时此刻，起码就定性而言，它不负所望。我还需要定量确认温度数据，然而眼下，我为"水泵"那波涛翻滚、咕嘟咕嘟冒泡的热水神魂颠倒，我欣喜若狂，同时也如释重负。

我能留在这里，盯着这条河看上它几个小时，可是大师和布伦瑞克却委婉表示，他们迫不及待地要逃离这个地方，这里的高温令人窒息。我们排成一列，小心翼翼地顺着陡峭的小径，慢慢回到圣水那里。回到牢固的岩石河岸上，我一再感谢大师带我过来。我追问说："可是有一件事我搞不清楚。如果说河流的这一部分如此特别，那为什么小径又如此荒凉呢？"

就像听到学生刚刚问对了问题的教师一样，大师笑容满面。他解释说："隐藏是为了保护。这条河是圣河。在教堂里，香烛的烟引导信徒见上帝；在这里，正是这条河的蒸汽引导着动物、植物、岩石以及天地万物。这里是自然的教堂。

　　"很久很久以前，还是在祖父那一辈的时候，这里人迹罕至。人们惧怕河流诸神，只有那些最为强大的民间医生才会过来。

　　"祖父们对这条河有着深深的敬意。可是时过境迁，伟大文明的进步之风也吹到了丛林里。如今只剩下几位老人还记得它的正名：Shanay-timpishka（由炎炎烈日加热）。人们很容易就中了现代社会的咒语，我差点也中招了，但是这条河用更强大的力量召唤了我。"

　　我问："发生什么了？"

　　"在丛林里赶路的时候，我掉进猎人的陷阱里了，还中了枪。医院里的医生说我再也不能走路了。现在我还有伤疤呢。"他指了指自己的双腿和双脚。现在我明白大师为什么一直穿着袜子和遮着小腿的长裤了。

"可是你走路完全正常啊，"我惊叹不已，"你怎么医治的？""桑德拉，"他满脸笑容地说，"她是我当时在医院的护士。她跟我说：'你要是个如此强大的萨满，为什么不自己医治自己呢？'她让我超越自己，她说得对。

"靠朋友和一对拐杖，我出院了，来到了这个地方，回想起祖父们曾经讲述过的关于丛林诸神和强大药物的故事。肉盘虬为我提供药物，再加上这条河的蒸汽，我的骨骼和肌肉开始痊愈。他们说过我再也不能走路了，但我证明了传统药物仍然有它们的价值。伟大文明往往低估植物的功效，我们年轻一辈甚至都把这种功效给忘了。这就是我们建立马雅图雅丘的原因——只有这样，才不会让传统植物研究失传。"

是夜，我在肉盘虬树下独坐，凝望着这条河奔涌而过。

"由炎炎烈日加热。"我喃喃地喊着，想象着很久很久以前给这条河起这个名字的那些亚马孙人。我并不是第一个思考这条河为什么沸腾的人。

于古代亚马孙人而言，最好的假设便是这条河是由太阳加热的。如今，他们的后人认为这条河是由火山加热的。目前，我的数据显示，这条河是个大规模热液系统。或许某日，我对这条河的"先进"的科学解释将会和烈日加热说一样局限。

一个悲观的想法在我脑中闪现：目前我尚未排除油田事故假设。口头传说并不能当作准确无误的科学文献。我需要找出莫兰研究——幸运的话上面会记载着这条河，我也终将了解它是否在开发以前就已经存在。

这一想法着实让人倒胃口。于我而言，这条河对于它的人民而言已然变得意义重大。我相信这里并非寻常之地——但数据会讲述相同的故事吗？

　　我摩挲着自己光溜溜的胳膊和腿，没摸到新的叮咬痕迹。或许我只是无法区分出新旧咬痕，或许是大师香水里的某些化学物质起到了天然驱蚊剂的作用。其中必定存在科学的解释。然而我不能逃避事实，确实发生了变化：仪式似乎已经起作用了。

　　回望河流，我试图弄明白，为什么自己会不知所措——科学与灵识这对矛盾体似乎在我身上和谐共存。

　　这个月剩余的时光过得飞快。离开前夜，我来向大师道别，看到他躺在吊床上抽黄花烟草。我挪了一张塑料凳，到他近前坐下，打开电脑，给他展示沿河水温图。

　　我解释说："这就是我们测出的温度。我们尽可能地往上游走，可是路易斯不愿意一路走到源头。他说那里会出现你家族先人模样的神灵把你带走。"

大师说："变形妖（Shapishicu），他们可是很讨厌的。你没去可是再好不过了。"我面露笑容，琢磨着我的博士答辩委员会将会如何看待这一解释。

我接着说："如图所示，这条河源头冰冷，接着升温，降温，再升温，再稍稍降温，然后达到最高温度，最后沿河缓缓降温并最终奔涌着流进帕奇特阿河。可惜我们没法测量整条河——丛林实在是太茂密了。

"但是我还会再回来测量它。眼下来看，这些数据表明存在多处注热带，那是断裂带流出热水的地方，可以增加河流的水温和水量。我希望，通过比较这些数据与岩石和水样的分析结果，能够利用化学方法鉴别出为断层所利用的各个含水层。还有更多的工作要做呢。"

大师仔细查看温度图，用手指着几处温度峰值说："我之前从来没像现在这样看到过雅丘妈妈、大术士池，还有圣水。"我才明白，于我个人而言具有科学意义的几处地点对大师来说也极具神圣内涵。

他满意地笑了。"这项工作很好也很重要，谢谢你。"我心满意足了。

"还有件事，"说话间我把手伸进背包，"我和路易斯在丛林里发现了这个。"我拿出了一对天然黏结成心形的牡蛎化石。

大师说："护身符。我从来没见过这样的。"他凝视着它，然后柔声说道，"丛林把她的心交给你了，好好保管。"

咕嘟咕嘟冒泡的圣水。断层（地球内的裂缝）作为"动脉"使地热水流向地表并形成沸腾的河。

第十二章

确凿证据

"干扰初步观测……"

罗伯特·B. 莫兰和道格拉斯·法伊夫的同事 R. G. 格林，关于 20 世纪 30 年代初意外发现沸腾的河。

莫兰书信文件集，1936

2013 年 2 月，我在得克萨斯州南卫理公会大学的地热实验中心，在一间冷飕飕又没有窗户的实验室里分析着从沸腾的河里取来的样本。离开亚马孙这 6 个月以来，我发现自己的思绪总是飘回到这条河和它的丛林。

大师曾说丛林"把它的心交给我了"，而我确信，自己也把自己的一片心意交给它了。

沸腾的河并非传说，但也的的确确像是梦境之物。它的热水流长约 6.4 公里，某些地方深逾 1.8 米，还有些地方宽达 24.4 米。这条河有大型温泉热池、滚烫的激流、热气腾腾的瀑布，还有咕嘟咕嘟冒泡的温泉——而这一切的一切全都处在一个非火山地热系统中，离最近的活火山中心也有约 644 公里远。

然而仍有威胁如梦魇般隐隐出现——这条神圣的河流会是一场油田事故吗？究竟怎么可能会在这样一片研究透彻、人来人往的地区存在一处规模如此之大的地热特征，未经记载且"未受人注意"呢？为什么这条饱含文化内涵的大型热河过去从未得到过准确鉴别？虽说大师还有部落里的老人们强调这条河"自从祖父时代以前"就已经存在了，然而并没有确凿的证据。眼下重中之重便是找出莫兰和法伊夫的报告。这是能够解答沸腾的河在油田开发以前是否存在的唯一文件。

我走到实验室的计算机跟前，似乎已经是第一百万次在搜索引擎里敲入"Moran and Fyfe"（莫兰和法伊夫）。多年来，我曾把各种相关的关键词以各种组合发送到虚拟空间中，却未尝如愿。我停下来，等待着搜索结果出来。真是不可思议，这次碰巧有一条结果。我往前凑了凑，读出标题："罗伯特·B.莫兰和威廉·R.莫兰书信文件集简介"。

一阵慌乱中我点击了几下，进入加利福尼亚州在线档案馆，在网站里发现了一项档案分类，包括属于罗伯特·B.莫兰的一批原始报告、信件、照片及其他文件，统称为"莫兰书信文件集"。

经过两年的寻找，它竟然在这里：真正莫兰

报告的一条线索。报告本身或是莫兰书信文件集的任何文件都无法在线查阅。但是网站显示，莫兰书信文件集保存在加利福尼亚大学圣巴巴拉分校特藏图书馆的封闭档案室内。然后我就走到了死胡同：只有获得莫兰信托的专项法律许可后才能访问档案室。

我致电图书馆。电话另一端传来图书管理员一句轻声细语的"你好"，这使得我慷慨激昂陈词一番，就是为了要查找莫兰书信文件集，这同时也让我如释重负，觉得终于有可能得出结论了。我停下来歇口气。尴尬的沉默。

我马上意识到，这位图书管理员在接起电话那一刹那根本就没有想到会有这样的一段谈话。我忽然有点难堪，希望自己的声音平静下来。

"下午好。我的名字是安德烈斯·鲁索，是南卫理公会大学的一名博士生。本人致电询问有关获得莫兰信托档案室访问权限一事，此事关乎本人在秘鲁的地球物理学研究。"

稍等片刻，接着便是"有关莫兰书信文件集的事，你将需要联系信托律师"。

过了 10 天之久，我才收到律师的消息，但我终于得到了想要的答案。很快，我便在飞往圣巴巴拉的航班上了。

"这是阅览室。"一位亲切友好、说话轻声细语的管理员把我带到加利福尼亚大学圣巴巴拉分校特藏图书馆内一间宽敞的长方形的房间内，"阅览室内严禁食品饮料，文件不能带离本室。找桌子坐下，我会去推个车，把莫兰书信文件集的档案盒给你带过来。"她留我独自一人在阅览室，可是走前不忘加上一句"噢，麻烦请记住，这里是无声室"。

身为一名地质科学家，"档案工作"让我联想起光线不足、没有窗户的房间，一般都在那些被人当成废弃仓库的建筑里，尽是些堆满了岩石样本的又长又重的样本盘。罕有档案室是干净的地方；往往你会弄得满身尘土，迫不及待地想要冲个澡。相比之下，这里的档案室尽显奢华。阅览室整洁得一尘不染。头顶上方的日光灯管照出柔和的中性色彩，似乎增强了这份沉默和寂静。10 张书桌，10 把座椅，阅览室就满满当当了——提醒人们独自完成工作，还得安静地完成。

一套一模一样、年代久远的目录卡片足足有1.8 米高，布满整整一面后墙。成百上千个均匀排开的抽屉旋钮和标签加深了阅览室井井有条的印象。目录卡片上方，不苟言笑的半身塑像审视着整间阅览室。旁边一座杰克罗素梗犬等身陶瓷像盯着一台老式留声机。然而阅览室最具特色的地方是那些覆盖了其余几面墙的大窗户。这些窗户让人觉得自己身处在一个鱼缸之中，在里面查阅档案的人也被警惕的管理员无死角地盯着。

我选定自己的书桌，刚好管理员也推着一辆多层金属推车回来了。旧推车里装着一些灰色档案盒，每个盒子上都系着一条红丝带固定着盒盖。我被告知每次仅限携带一盒档案进入阅览室。我小心翼翼地拿起这套编号档案盒中的第一盒,深切感受到我走进阅览室时管理员那审慎的目光。我小心翼翼地在盒子里搜寻,详细查看每一份文件,然后再用红丝带把档案盒重新系好,带出阅览室再来换下一盒。就这样过了几个小时。大部分内容属于私人物件:明信片、歌剧节目单或是其他与地质无关的资料。

当我掀起 89 号档案的盒盖时,一项标签旋即引起我的注意:"阿瓜卡连特(热水),秘鲁,地质报告。"我屏住呼吸,抑制住激动的心情。我从盒里轻轻拿起文件夹,缓缓打开,露出一堆年久泛黄的文件。用打字机打出的文本上标满了属于那个年代的草书手写批注。翻阅着这一张张带着折痕的纸,一股难以控制的喜悦之情涌上心头——我找到了。我现在手里拿着的不单单是那份一直苦苦找寻的 1933 年的研究,还是整整一座宝库,是将研究置于历史背景下的未出版的笔

记和报告——关于阿瓜卡连特穹丘勘探开发伊始
阶段的深刻见解，千金难买。这条河在油田开发
以前是否存在这一问题的答案就藏在这堆纸里。

此时是上午 10 点左右，透过大鱼缸，我看
到这所学校的学生们在走廊里来来往往，在图书
馆里发奋学习。太神奇了，我暗自思忖着。为了
这份资料，我已经花费数年之久，飞越了半个美
国就是为了出现在这座图书馆里。然而这座图书
馆之于这些学生，就像南卫理公会大学之于我、
沸腾的河之于马雅图雅丘一样，仅仅是日常生活
中的一部分。于是我萌生出一个问题：在我自己
生活的白噪音中，有哪些隐藏着的新发现消失在
我自己的光景中了呢？鱼缸里的大壁钟提醒我把
注意力放在手中的这堆纸上。莫兰书信文件集讲
述了一个引人入胜的故事，故事描绘了在亚马孙
石油勘探早期，那些无拘无束的日子。

20 世纪二三十年代，当时的国际石油开发
全都盯准了秘鲁亚马孙丛林。新泽西标准石油公

司和洛克菲勒基金会派遣地质学家成群结队地深入丛林，工作的重中之重便是保密。

正是在此期间，地质学家罗伯特·B. 莫兰在为一项铁路施工项目进行航测时，偶然发现了一处巨大的椭圆形地形——这是地质学上的穹丘，在地势平坦低矮的丛林中向上隆起数百英尺。

莫兰很快就鉴定出，穹丘是发现石油的一处理想之地，并迅速组队，于 1930—1932 年在这一地区展开调查。

虽然档案中并无原始现场记录，我还是发现了大量现场报告，报告汇编于他们的团队离开亚马孙很久以后。这些报告讲述了一个令人困惑的故事。莫兰及其团队已经发现了这条河。然而，他们的报告前后矛盾，我大惑不解——有些报告符合我本人对这条河的观测记录，可还有一些并不符合。在那些不一致的报告中，似乎这条河被人为隐瞒了。我十分清楚，他们重在发现石油，而非研究沸腾的河——可是还有些事看似不对。好在地质学家 R. G. 格林的内部报告对矛盾之处给出了令人信服的解释。格林是第三方承包商，受邀审查莫兰及其团队的工作。这种做法在石油行业仍然很普遍——雇用第三方专家来证实某家企业的地质工作，这通常是出于保护潜在投资者的利益的目的（他们往往没有任何专门地质知识）。

格林指出："在第一次观察中，热水的存在是相当令人不安的，但之后的分析提供了令人满意的解释，而并非高温侵入岩浆说，热水的存在必然会对阿瓜卡连特背斜的预期价值产生不利影响。"

这便是确凿的证据。大师说得对——这条河自从祖父时代以前就已经存在了。莫兰团队已经发现了这条河，此外他们的观测结果与我的观测结果基本上一致——这证实了我的假设，即该地未曾因油田开发而受到显著影响。他们早在现代法规很久以前便发现这条河了，现代法规本可能会要求将环境利益或是"野蛮的印第安人"（一份报告如是说）的利益予以考虑甚至予以公开。丛林依然妥善隐藏着这条河，因此可以轻易想象出一项"报告疏忽"是如何从一家石油运营公司传向另一家公司的，且几十年来不为人所知，即使是在现代法规落实到位以后也无人知晓。最后，勘探队的重点是产出石油并吸引投资方。

地热系统往往被视作石油资源的威胁，因为这类系统足以造成资源因"蒸煮过度"而遭到破坏、失去价值。莫兰及其团队的 30 年代独立地质工作证实这条河并非由岩浆造成的，且不对石油资源构成威胁。然而，试图将这一切解释给外行投资者似乎是一项艰巨而可怕的任务，他们掌握着基础投资财政大权，还总是疑神疑鬼的。这条河在莫兰书信文件集里罕受关注，虽在一些报告里得到准确说明，在另一些报告里却似乎被一笔带过了，这也不足为奇。

莫兰及其同事交了好运，他们的努力得到了

回报。他们从秘鲁政府获得了石油开采特许权，且在 1938 年成功钻取了秘鲁亚马孙首个油井。

这，就是我的证据。这条河是油田开发以前就已经存在的一种自然现象。我重重地坐回到椅子上，一切应办之事和未解难题在心里翻腾。

第十三章

最大威胁

2013 年 8 月，距我上次离开丛林那一天快一年了。我坐在一辆带着枫树天然气公司标志的卡车里，准备在阿瓜卡连特穹丘待上一个星期的时间。

枫树天然气公司同意我在他们的油田进行自己的研究。他们允许我全权访问我需要的一切数据、地图和样本，还批准我在他们的油井内进行地球深处的温度测量。这些资料让我更加深入了解这一地区的地质情况和构造，而且使用枫树天然气公司的油井意味着绝无仅有的机会，我将一窥沸腾的河周围地球深处的温度。枫树天然气公司还给了我重要的业务数据，这些数据进一步说明这条河属于自然现象，未受油田开发活动的丝毫影响。此外，我的博士答辩委员会的委员们也倍感欣慰，因为利用出自这些油井的数据，我将有可能测定秘鲁亚马孙河流域首批高质热流点——这让我离详细绘制秘鲁首幅地热图又近了一步。

我们乘车前进，我向车窗外望去。映入眼帘的尽是那连绵起伏的丘陵、绿草茵茵的牧场，偶有几头反刍的奶牛。

"可悲啊，是不是？"枫树天然气公司的地质学家何塞说道。我看着他，一脸茫然。

何塞接着说："注意这里和油田之间的风景——就在众目睽睽之下，一场环境灾难发生了，好像根本没人在乎。这里是亚马孙热带雨林。本不该有大面积草原的。"

我又看向外面的草原。何塞说得对。自从我初访这条河以来，每年都会路过这片土地——我怎么会忽略这一细节呢？每当提起森林砍伐时，我总是想象出一片寸草不生的荒地，遍地的泥土、拖拉机痕迹，还有树墩，却从未把它想象成一片风景如画、绵延起伏的牧场。我无法相信自己竟然未曾注意过眼前这一切。一腔怒火与厌恶开始在内心翻江倒海。

何塞 40 岁出头，在秘鲁全国各地的油田都工作过。他悠然自得、快活的外表下掩藏着一种不容胡闹的权威。

"难过呀，人们仍然乐于憎恨石油公司，就跟我们都一心要破坏自然似的。人们并没有意识到，在过去的 40 年里，全球性的环境保护主义运动已经改变了我们的行为方式。我们受到监督，哪怕有一丁点闪失都要负责——但是那些擅自占地者和'牧牛农民'一旦惹上麻烦就瞬间消失了。这些罪人侵入丛林、偷猎动物、砍伐珍贵大树，再把它们卖出去，却几乎卖不上几个钱，然后再倾倒汽油，把土地付之一炬！等到长了草，他们就会往'牧场'里放养上几头奶牛。真是笔精明的生意啊，但绝对是卑鄙无耻——他们不必面对后果！他们要是还继续这样下去，仅剩的原始森林将会是那些受保护的国家公园和亚马孙油田。"

我问道："油田？"

何塞说："一家运营公司要是不严格遵循

后末日时代的亚马孙：起伏的平原、反刍的奶牛、昔日原始森林的余烬。

环保协议，就会倒大霉。开发前，环境部要求我们进行一系列的环境与社会影响研究，其中包括开发完成后的各项补救措施。我们得考虑植物、动物、群落、水、空气、土壤及其他因素——还得从雨季和旱季角度考虑，就是为了确保我们不会错过一种迁徙动物或是季节性问题。钻井过程中，我们得鉴别要移植的植物，而且未经特别许可，我们连一棵大树都不能砍。不是所有的企业都堪称楷模——但大多数都在

努力。现在时过境迁，已不再是那个石油公司对自己造成的一切破坏或污染毫不负责的'西大荒'时代了。"

我们驱车继续前进，气氛友好，但都不再言语了。

此刻我又换了一种眼光看向窗外：这成片的牧场其实就是后末日时代的亚马孙。这让我觉得心寒，我在错综复杂的局面里苦苦挣扎。我希望整个亚马孙流域能受到保护，但我也清楚这个想法并不现实。人们总是需要一条脱贫的道路和一线改善生活的机会。经济增长是秘鲁当前一项重大政治议事日程，而农产品及原材料日益增长的国际需求被视作参与国际贸易的关键因素（因跨国公司追求新兴廉价供应商而加深的一种印象）。为满足这一需求，政府鼓励亚马孙部分地区在权限许可下进行开发。然而并非一切发展都是负责任的，且小规模区域性发展普遍不受监管。这种情况在极度贫困地区尤为突出——环保意识往往不被考虑。

我绞尽脑汁纠结眼前无比错综复杂的问题——亚马孙是一片复杂多样的土地，大小差不多是美国国土面积的 90%。你刚一描述个大概，你就会发现自己错了。情况因地区而异。还需考虑历史因素：征服和欧洲疾病被认为曾导致 80%~90% 的亚马孙原住民死亡。当时的幸存者不得不面对"橡胶园主"（los caucheros）——在他们残暴行径的对比之下，征服显得和气友善。或许车窗外的牧场并不是后末日时代亚马孙的唯一现场。过去并不能成为现在破坏环境的理由，但过去的的确确有助于了解情况的来龙去脉。亚马孙人（无论是按照传统方式避世而居还是居住在现代社会）、非亚马孙人以及介于这二者之间所有的人，他们各自有着与丛林的联系、与这个全球化现代世界的联系。尽管错综复杂，有一项前提是所有人的共识：无论从金钱、生态还是延续传统的角度看，丛林都有自己的价值。

为了长期保护土地，亚马孙显然需要精心制定保护模式，以便当地居民能够从生态敏感的土地开发中获利。秘鲁国内外各种组织均致力于保护原始丛林——然而望向窗外清空的土地，我所能想到的是：我们怎样才能保护这片丛林剩下的部分？我们怎样才能恢复丛林已经失去的部分？这些是毁林的前线——丛林等着开发，通过道路和附近的人口中心很容易就能进入丛林。

一位希皮博萨满曾告诉我说："丛林受到的最大威胁来自'那些数典忘祖的原住民'——这些人已经忘记敬畏丛林的传统，这些人为满足一己私利滥用丛林。"这位希皮博萨满在部落里备受尊敬，还是希皮博文化与传统知识的泰斗。当他跟我说出这番话时，一身上下都是"西式打扮"：一副时髦的眼镜、一件扣领衬衫、一条熨烫平整的黑色长裤、一双精致的皮鞋。他看上去和利马那些继承了原住民血统的现代秘鲁人别无二致。眼见这样一位举足轻重的亚马孙人物一身西式打扮，还持有如此出人意料的观点，我从中学到了一些重要的东西。我们不能进入亚马孙保护区还带着诸如所有亚马孙人都与森林和谐共处、都穿着传统服饰，以及老生常谈的保护区"好人"和"坏人"这些先入为主的观念。诚然，过去很悲惨：亚马孙人曾饱受黑死病的摧残，橡胶园主的确曾犯下不可言喻的罪行，传统社会结构也曾遭到全球化蔓延的颠覆，然而站在我面前的这位亚马孙男人未曾因周遭环境而束手就擒成为受害者，而是幸存下来成为一位宗师和掌握着自己文化的泰斗。他的族人不失尊严，驾驭艰难困苦的丛林环境，并适应下来，还学会利用植物进行治疗或攻击，方法足以和最前沿的制药实验室相媲美。（更多相关内容参见马克·普洛特金博士或韦德·戴维斯博士的著作。）

亚马孙人在印加人、西班牙人、橡胶园主手中幸免于难——如今正巧妙地适应现代化。在传统与现代的旋涡中，他们重新定义自我，为了活下去，更为了活得好。不仅如此，同希皮博萨满坐在一起，有些东西便一目了然——他和我之间并无不同。我们都竭力幸福美满地活下去；我们都想要获得爱与成功；我们都怀揣希望和梦想。我们都是地球的原住民。在我们自己的"丛林"里如何选择生活是我们自己的决定，然而我们不能假装自己的决定不会对环境造成影响。

何塞的一席话让我燃起了希望——或许负责任的发展能够扭转局面。大师还有马雅图雅丘部落里的居民曾提到过枫树天然气公司是个"好邻居"。或许油气公司能捍卫丛林，或许我们能找到经济繁荣与环境治理携手并进之路。适应新范式的付出与收获、传统与现代的微妙平衡、"数典忘祖的原住民"令人不解的想法，以及石油公司在适当情况下充当丛林卫士的意外转变——这一切都比我曾想象的更为错综复杂。我觉得一定有办法解决本地居民与石油公司以丛林利益为重和平共处的问题，这是人人关心的头等大事。解决办法就藏匿于这些细节之中——可是眼下我却想不出来。

何塞的声音打断了我的思绪："那就是阿瓜卡连特穹丘！"说话间，他指向眼前一处丛林中拔地而起的大面积开阔地形。从这里看，毁掉的林地与穹丘的原始丛林之间对比鲜明，差距一目了然。

何塞说："我们周围的土地大多数被清理了，所以我们的丛林就变成了野生动物的绿洲。我们时刻警惕那些偷猎者、伐木工，尤其是焚林清地者，因为我们在这里有天然气管道。"

他接着说："我真的喜欢这片丛林。我在这儿工作有年头了，丛林帮我教育孩子，还帮我养家糊口。眼见着它消失，我心都碎了。他们不久就会把油田周围的整个丛林都砍伐干净了。等到油田不再有利可图，资方决定撤资的时候，不知道会发生什么。我们丛林的时间所剩无几了。"

我们驶入枫树天然气公司的丛林，路边尽是郁郁葱葱、美丽宜人的森林。很快我们就到达了穹丘顶部的阿瓜卡连特油田。营地里零星几栋大型木结构建筑按照 20 世纪中期"赤道美洲"的前哨基地风格建造而成。一切都干干净净、整整齐齐、井井有条。几大块喷涂的警示牌提醒着工人妥善处理废物、保护环境、禁止打扰野生动物。每位新成员都要针对安全问题与丛林环境责任事宜接受一整天的全面培训，我也不例外。我的实地调查工作进展顺利，等到这一星期结束时，我已经取得了分析所需要的样本和测量数据。离开前还有最后一件事要做：拜访大师。既然枫树天然气公司和马雅图雅丘双方都竭力保护丛林，使其免遭焚林清地者毒手，那么我便带着何塞一同前往。

从油田出发去马雅图雅丘并不容易。没有路，最直接的途径便是穿越丛林。

虽然从最北边的油井出发，路程只有 1.6 公里左右，但地形崎岖不平。一路尽是原始丛林，着实让我欣慰。我们穿越了密不透风的原始丛林、密密层层的枯枝落叶、崎岖不平的地形，两个小时历尽了千辛万苦，终于在滂沱大雨中到达了马雅图雅丘。我照旧扫视一番崖脊，找寻自己抵达的标记：守护树，盘根错节的肉盘虬。我感到恐惧，隔着如注的大雨，我看到马雅图雅丘的标志性大树断成两截。大树上半截仍些许连着树干，但它蛇发女妖般的树顶在波涛汹涌的河里无助地耷拉着。我清楚，这势必影响马雅图雅丘——以及大师。

我把何塞安顿在大棚屋中，然后便跑去大师家了，发现大师蜷缩在自己的吊床里。他惊讶地抬起头。"安德烈斯！"他说。他缓缓起床，有气无力地抱了抱我。他看上去气色不好。

我问："你还好吗？"

"你看到肉盘虬了？"他问道。他看上去孤苦无助的。

"我们都老了。我很难过，还有点生病了。可是我不介意生病——生病了我才明白，我还要学更多的东西。现在跟我说说，你是怎么到这儿的？"

我一五一十地说了——莫兰书信文件集、在枫树的实地考察、穿越丛林的艰苦旅程。带着几分忐忑，我征询大师是否愿意会见枫树天然气公司的地质学家。他毫不犹豫地同意了。"枫树天然气公司是个好邻居。我们都各过各的，也互不打扰。带他过来吧。"

我们一起在大师的露台上就座，这时我把二人介绍给彼此认识。大师和何塞马上便交流起各自对丛林的热爱之情，面对丛林遭受的威胁，二人也都深感担忧。

在沸腾的河用热成像仪进行温度测量是最安全、最快捷、最可靠的方式。

何塞告诉大师说："枫树天然气公司不会一直留在这里。石油终会采尽，我非常担心我们离开以后的丛林。你要是还没考虑过通过立法来保护这里，我强烈建议你要开始行动了。我知道安德烈斯正在帮你弄一个保护区计划，而且他记录河流的这项工作是完全有必要的。环境部在普卡尔帕还有个办事处，或许能帮上忙。"

大师默默地听着，听何塞说完便点了点头。他明白要做什么。

一小时后，何塞和我出发了，沿小径去帕奇特阿河，弗朗西斯科·皮萨罗会在那里等着我们开船去枫树天然气公司的码头。雨已经停了，我们沿着我熟悉的小径一路匆匆穿越丛林。

走到半路，看到路上一处陌生的景象，我停了下来，一动不动：一大片丛林消失得无影无踪了。茂密挺拔、令人敬畏的大树只剩下一堆堆锯末，还有那散落在粗壮树根周围的木屑。

我无声地站在满目疮痍的空地边缘。不足一

年时间，沸腾的河的丛林已经消失大半。

何塞查看现场，嗓音中涌起一股悲愤，他说："这儿之前一定是有不少上好的木材。要不然这些可能早就已经让人烧光了。我敢肯定那就是近在眼前的事了。"

第十四章

派提提

2014 年 5 月，我回到马雅图雅丘的第一个夜晚。我坐在大棚屋的电灯底下，准备着自己的实地考察工作。我的笔记本电脑充着电，还伴随着这儿的发电机传出的噼噼啪啪声。大师说神灵不喜欢这嘈杂声。

我敢肯定，有一天马雅图雅丘会有 24 小时供电，还会有电话线、网络接入。这些东西会让生活更便捷、更高效，会让部落更舒适，也将有助于这片地区的监测和保护工作。不过我还是有些担心，不知这将如何改变这里的生活。

自从我上次过来，过去的 9 个月里发生了天翻地覆的变化——正是何塞预料的那些变化。丛林正在消失。

多亏谷歌的支持，目前我获得了沸腾的河周边地区高分辨率卫星图像。谷歌的一位员工提醒我说，这些图像并不是近期拍摄的，而且自拍摄以来，森林砍伐速度似乎显著加快。他说的一点都没错。

这些图像分别摄于 2004 年、2005 年、2010 年和 2011 年，它们反映出严峻的现实：烧焦的痕迹、牧场、逐年扩大的森林砍伐面积。他们还没让我为这次 2014 丛林之旅做好准备。9 个月前从普卡尔帕到马雅图雅丘一路得开车两个小时，花上 30 分钟乘噼咔噼咔独木舟，再花上一个小时徒步穿越丛林。今年，由于森林被砍伐让这一路变得轻轻松松，只要开车三个小时。沿途的丛林变成了牧场、满地烧焦大树的余烬、几头吃草的奶牛。

拿这些卫星图像对比一幅 20 世纪 40 年代的航拍照片，实在是心痛不已。当时这里几乎完全被丛林覆盖。不过，我同时发现，石油公司控制的地方虽然经过密集开发，但基本没什么变化。

发展并不意味着破坏。负责任、有意识的发展能够保护这片土地，并不会将它变成焦土。摆在我身边的空样品瓶还有笔记本会在这个星期的实地考察中填满。为什么这一不可思议的地热系统会如此独一无二，把一切细节都记录在册，是确保它拥有未来的关键。通过每一处新的数据点，我努力向世界展示，为什么这里是个奇迹，为什么它应受保护——还要确保，无论是谁控制这片土地，他都会理解沸腾的河的重大意义。幸好我不是一个人在战斗。马雅图雅丘的"部落"远远超出了这片丛林，还包括数不清的曾造访过这一圣地的外国人，以及像我一样关心这里的人。这条河让我们团结一致。一个加拿大团队和本地居民一起，帮助减少对马雅图雅丘环境的影响。意大利人也和马雅图雅丘合作来鉴定植物药品的治疗作用，而美国人合作是为了研究这里的人类学意义。我继续我的研究，还把丛林秘鲁人和城市秘鲁人联合起来，就是为了让沸腾的河受到法律保护。

我继续工作，一直到发电机不再出声，灯泡渐渐熄灭。

我满怀信心、兴奋不已，明天就要开始实地考察了。我在黑暗中往自己的小屋走去。等到双眼适应这星光闪耀的夜晚，这世界让我为之惊叹，片刻以前，这电灯泡以外的世界还曾只是黑漆漆一片。

这个星期过得飞快。每天，我都在采集水样、岩石样本、矿物样本。我打算回实验室分析这些样本，希望能更好地了解河水与河水流经的岩层之间的关系。今年，我也首次研究了生活在沸腾的河中或附近的极端微生物（藻类、细菌，以及其他微生物），它们生活环境的温度足以杀死绝大多数生物。离开马雅图雅丘前夜，我走出自己的小屋，来到傍晚凉爽的空气中。该说再见了。

大师怡然自得地躺在吊床上，而我们的丛林老向导路易斯坐在地垫上，一口一口地抽着黄花烟草。大师的新徒弟毛罗坐在一张塑料矮凳上。

"晚安。"我大声说道。

"年轻的医生！"大师面带微笑，双眼透过烟雾闪闪发光。

"上个星期我们都没怎么看见你。"毛罗说。

"我在工作。"我回答道。

路易斯说："没错。我看到过他很多次，总是独自一人在河边。"然后对我说，"你现在在丛林里走路的样子不一样了。"

我觉得奇怪。"你什么时候看见我的？我一直以为我是一个人！"路易斯顽皮地微微一笑。

"没错——他现在走路方式变了。"大师说

在"水泵"进行地球化学水取样。河水咕嘟咕嘟冒泡、剧烈翻滚的这部分温度在 97℃左右。尽管防烫手套能暂时保护我免遭烫伤，我还是紧贴地面，这样既能避开灼烫的蒸汽，又能让自己保持稳定，不跌入水中。

道。他问我："你研究得怎么样了？"

我向他详细说明了自己的研究。他聚精会神地听着，渴望了解伟大文明如何通过测量数据来体现重大意义。我转述了鉴别河流的产生过程和机制将会如何鉴别出地上及地下的敏感区，这些地方是最需要保护的。我还向他保证，我们亚马孙人和非亚马孙人会一起找到办法，敬奉诸神、保护丛林。

我说："大师，从我第一次来我就有印象，马雅图雅丘在外国人中非常有名，而在秘鲁却基本没人知道，这是怎么回事？"

黄花烟草飘出的烟飞舞回旋，大师面带微笑："起初我想让这里专属于亚马孙人，为了保护我们的文化和我们的丛林。可是族人受到伟大文明的诱惑，我们的年轻人只想待在利马，而我们的老人已经忘了如何对待丛林。我当时无计可施，就去向植物请教，于是我看到幻象了。"

他停了一下，目光锐利地看着我。"还记得

你第二次来的时候，你鼻窦有毛病，我给你拿了一种药吗？"

"当然记得，奥蔻梯木（Ishpingo）。效果特别好。"

"奥蔻梯木是一种大树，它的神灵法力超强。在幻象里，我坐在一棵奥蔻梯木大树脚下，这时，奥蔻梯木神出现在我面前，他是个又高又瘦的白人，一袭白衣，胡子又长又白。这个男人周身闪着白光。我问这位神仙为何这身打扮，当时他回答说，这片丛林的救赎将与外人一道而来。第二天，我收治了我的第一位外国病人，如今我都有外国徒弟了。奥蔻梯木神说得对：世界已然不同，我们需要互相学习——传统方法和伟大文明的方法。"

这片丛林是传说之地，也是幻象之地。我思考着。

一瞬间，爷爷的传说里又一细节再现了——一处几年来我一直想请教大师的细节。时机似乎从来都没对过，或许我总是担心显得自己犯傻。然而，此时此刻，与他并肩而坐，已然发觉那个传说有可能是真的，我终于鼓足勇气。

我说："大师，那个纯金之城派提提，真的存在吗？"

大师惊讶地挑起眉毛。"你的意思是你没遇见过它？"

我看着他，迷惑不解。

大师哈哈大笑，然后比画着我们四周的丛林。

我恍然大悟。征服者打听派提提的时候，印加人并没有说谎。于印加人而言，黄金正是生命本身的象征。纯金之城因此便是生命之城——还有什么地方比亚马孙有更多的生命呢？印加人用文字游戏来实现复仇，个中含义是征服者永远也无法体会的。

我往小屋走去，头灯发出的光在黑暗中辟出一条通路。路过肉盘虬的残株，我停了下来，转身向通往河边的石阶走去。我拾级而下，走到岩石河岸，任由蒸汽吞没。我不慌不忙，小心翼翼地来到一大块岩石上头，就在那浪花翻腾的河水中央。

丛林周遭的一切都洋溢着生命之音：青蛙呱呱叫，昆虫啁啾鸣，树荫窸窣作响，头顶的蝙蝠发出天外之音。正中心便是那隆隆作响、汹涌奔腾的河水。蒸汽缓缓升起，旋转飞扬，在凉爽的晚风中翩翩起舞，飞向浩瀚的星空。

我不知道离文明之光占领亚马孙这片土地还剩多长时间。我的工作会加速这一进程吗？我对科学要负哪些责任呢？对安居于此的居民呢？对这神圣的河流呢？大师曾经说过，"隐藏是为了保护"——然而如今我们所做的事截然相反。我想起了那些探险家，他们的发现预示着他们所发现的事物遭到毁灭。在秘鲁这里，当海勒姆·宾厄姆三世（Hiram Bingham）初见马丘比丘时，他是否曾想到过，他将给这个国家的文化、经济和它在世人心中的地位带来巨大影响。他是否曾花上一整夜，独坐在废墟之间，思考如果我们把这里展示给世界，我们能怎样保护它呢？直觉告诉我，保护的方法在于向世人展示他们需要保护这绝妙的自然现象。然而要是我错了该怎么办？

站在岩石上，我发觉，通过研究这条河，我学会更多的是关于我自己，然后才是地质、地热现象或是本土文化。正如大师所说，"这条河流向我们展示了我们应当看到的东西"。曾经有位朋友问起过，为什么我接二连三地回到这里。此时此刻，我觉得，因为在这里，你不得不意图明确，面对自己的局限，并在局限中工作。每一步都要考虑再三。错误带来的后果令人痛苦，容不得你心不在焉。

我的头灯让我的注意力集中在它照亮的那一小块地方，周围漆黑一片。我目不转睛地盯着，想象着奇迹，它们一定就在那里，隐蔽在夜色中，或者就藏匿在日常生活里。那便是夜色教的一课：是我们自己的视角划分出界线，来区分已知与未知、神圣与平凡、我们觉得理所当然的事物与我们尚未发掘的事物。

我刚才错过了夜色。

我时常会拿起书架上的"丛林之心"化石，或者抽出书桌抽屉里的实地考察笔记，在亚马孙雨水和河流蒸汽的作用下，笔记变得皱皱巴巴，纸张上依然散发着丛林的味道。我这么做是为了提醒自己，不可思议的事不仅仅发生在小说里。要是没有我过去这几年来收集的这些数据、照片、视频，以及其他证据，我常常会觉得，或许自己会误以为自己与这条河的一切经历都只是一场梦。

　　2015 年 7 月，沸腾的河尚未受到法律保护，也尚未在任何地图上成为重要地点。如果我们成功了，这一切将会改变，秘鲁也会拥有一个"新"奇迹。

我本可以从 2011 年开始就在科学期刊上或者主流媒体上陆续发表关于这条河的文章。但实际上，我的绝大多数工作一直都是在暗中进行的。我与大师和桑德拉，以及秘鲁国内外各种保护组织密切合作，要认真负责地把这条河展示给世人。

我们的目标是负责任地发展，借此让当地居民掌握自己的命运并从中受益。没跟他们打招呼就把这条河透露出去可能会冒风险，招致无节制的发展和不负责任的旅游业，反而弊大于利。

我与马雅图雅丘和韦斯特因圣所（大师从前的徒弟在沸腾的河上经营的另一家亚马孙康复中心）合作，给他们提供资料，让他们以此来决定各自部落最好的未来。马雅图雅丘正在努力扩大生态旅游业务，减少对丛林造成的环境影响，还要成立一座阿萨宁卡文化与传统医药培训中心。大师的奥蔻梯木幻象似乎应验了：马雅图雅丘的"部落"已经发展壮大，包括了世界各地致力于保护它的人。

下个月我将返回丛林，收集最后一批数据，结束自己对沸腾的河长达 5 年的研究工作。工作尚未完成，但初步结果表明，这个世界其实要比我曾想象的要精彩得多。我们的团队与加利福尼亚大学戴维斯分校的微生物学家乔纳森·艾森（Jonathan Eisen）博士、美国国家地理学会的遗传学家斯潘塞·韦尔斯（Spencer Wells）博士等人合作，已经鉴别出此前未经记载的极端微生物物种，它们生活在沸腾的河中或附近，所处的温度足以置人于死地。理解这些微生物如何在如此极端环境中生存，并查看它们与全球地热系统中的其他极端微生物的相似之处，理论上能有助于揭示我们这个星球上生命起源的奥秘。

我在秘鲁亚马孙流域还发现了其他热河，然

结束了在丛林长达一天的工作后返回马雅图雅丘。

而规模与流量都远不及沸腾的河。围绕这一复杂系统的科学研究和保护工作过于烦琐，此处不再赘述，欲了解更多或直接支持科学、保护工作，请访问英文版网站 boilingriver.org（西班牙语版网站 riohirviente.org），针对意欲更充分了解这一伟大自然奇迹的访客，网站提供全面的科学数据及其他资料。我们的世界有如此之多的秘密隐藏在日常生活中——在未知事物中，也在我们认为我们已知的事物中。要有好奇心。我们路过的一处处风景、谷歌地图卫星图像上的一个个像素、故事里最不起眼的细节，都包含重大意义。在接下来的一年里，我将完成研究的第一阶段。沸腾的河将出现在地图上，我将终于能走出实验室，把采集来的水样洒到地上，只有这样，才能像大师曾经说过的那样，这些水能找到它们回家的路。

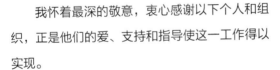

·· 致　谢

　　我怀着最深的敬意，衷心感谢以下个人和组织，正是他们的爱、支持和指导使这一工作得以实现。

　　感谢我的祖父丹尼尔·鲁索，他是我认识的最伟大的讲故事的人。感谢我的姑妈吉达·加斯特卢门迪和姑父埃奥·加斯特卢门迪——以及他们的晚宴。感谢我的父母安德烈斯和安娜、我的叔叔奥克塔维奥、我的教父哈维尔，以及我很荣幸称之为家人的人。

　　感谢沸腾的河和它的丛林，感谢保护它并让

我有幸把他们的奇迹分享给世界的人；特别感谢胡安大师、桑德拉、路易斯、毛罗、布伦瑞克，以及马雅图雅丘部落；还要感谢恩里克大师和韦斯特因圣所部落，以及枫树天然气公司，特别是何塞·卡洛斯。

感谢 TED——你们的演讲改变了我的生活，我很荣幸参与到你们的节目中。感谢凯莉·施特策尔、里夫斯、布鲁诺·朱萨尼、克里斯·安德森、埃琳·格特曼、艾利克斯·霍夫曼，以及整个 TED 大家庭。

特别感谢我的编辑米歇尔·金特。你的辛勤工作、耐心和奉献帮助我把一个想法变成一本值得推广的书。谢谢你。

感谢南卫理公会大学团体：玛利亚·理查兹、戴维·布莱克韦尔、安德鲁·奎克斯奥、德鲁·阿莱托、朱马纳·哈吉·阿比德、阿尔·魏贝尔、库尔特·弗格森、罗伊·比弗斯、罗伯特·格雷戈里，以及我的博士答辩委员会。同样感谢吉姆·扬和卡萝尔·扬夫妇、莎伦·莱尔和博比·莱尔夫妇——是你们让我初次了解 TED 演讲。

同样感谢阿方索·卡列哈斯、卡洛斯·埃斯皮诺萨、彼得·库措耶奥加斯、巴西勒·库措耶奥加斯、惠特尼·奥尔森、何塞·法哈里、德夫林·甘迪、香农·K. 麦考尔及其家人、泰利奥斯公司、谷歌——特别是查尔斯·巴伦和克里斯蒂安·亚当斯、地热资源委员会、威廉·E. 吉布森和美国石油地质学家协会（AAPG）、何塞·克什兰和费莉佩·克什兰夫妇、马克·普洛特金、秘鲁环境保护法协会、加州大学圣巴巴拉分校、莫兰信托、秘鲁地质矿产与冶金研究院（INGEMMET）、秘鲁国家石油公司、唐纳德·托马斯、乔纳森·艾森、斯潘塞·韦尔斯。

感谢美国国家地理学会的同事，特别是艾米丽·兰迪斯、克里斯·桑顿、韦德·戴维斯。同样感谢美国国家地理学习公司——贵公司的培训班使用这些教材并帮助我为本研究筹集经费，以及学习这些教材的孩子们——是你们激励我保护这个神奇的世界。

最后，也是最重要的，我要感谢我的妻子索菲娅。没有你我无法完成这项工作。你就是我的岩石——你明白这对于身为地质学家的我来说有多么重要。